# エネルギーとはなにか

## そのエッセンスがゼロからわかる

ロジャー・G・ニュートン　著

東辻 千枝子　訳

ブルーバックス

カバー装幀／芦澤泰偉・児崎雅淑
ミニチュア製作・撮影／水島ひね
本文デザイン／あざみ野図案室

# はじめに

したがって、ある系のエネルギーとは、ひと言でいえば、外部に対して影響を及ぼす能力である。

マックス・プランク『熱力学』

現代の西洋文明の世界――いわゆる先進国は、そのほかの地域と、たとえば、財産権の完全な保障や司法制度の独立、資本主義経済システムや輸送手段の効率のよさなど、さまざまな点で異なっています。

しかし、200年あまり前の産業革命以降、西洋文明が達成した何よりも重要なことは、人や動物の労役を、機械エネルギーによって置き換えることでした。ナポレオンの馬がヒトラーの戦車と置き換わっても、やはりロシアでは敗北に終わったように、兵士の武力や動物の力が機械化された兵器や輸送手段と交代したところで、必ずしも戦争の結果を変えることにはなりませんでしたが、一方で、戦死者は激増しました。

紀元前216年のローマ軍に対するハンニバルの勝利は、白兵戦としては歴史上、一日の戦闘における犠牲者が最も多かった戦いだといわれています。しかし、第一次世界大戦におけるソンムやパッシェンデールの戦い、第二次世界大戦でのスターリングラードや沖縄の戦いは、それとは比較にならないほどの膨大な数の戦死者・戦傷者を出しました。広島と長崎に対する原子爆弾投下にいたっては、いうまでもありません。

他方、平時においては、機械化によって多くのことが改善されました。機械のエネルギーは都市の日常生活はもちろん、工業や農業でも力を発揮し、耕す機械、種を蒔く機械、収穫する機械などが、人や牛、馬に取って代わりました。洗濯機、食器洗浄機、乾燥機、掃除機などによって、私たちはわずらわしい家事労働から解放され、オートメーションによって骨の折れる工場労働の多くが軽減されました。

＊

人類は、どのようにしてエネルギーについての理解を深め、そのような発展を可能にしたのでしょうか？　また、エネルギーの〝源〟は何でしょうか？

もちろん、エネルギーの獲得手段（あるいは「手段がない」ということ）をめぐっては、多くの政治的・経済的な課題が存在しています。たとえば、巨大な石油資源が他にほとんど収入源のない社会に与える、短期的には有効でも長期的には好ましくないと推測される影響、あるいは、必要なエネルギーを得るための手段の格差が国家間の力関係に及ぼす多大な影響といった問題です。

さらには、発電用の原子炉が抱える危険性、その使用によって発生する放射性廃棄物の処分の問題、石炭採掘による地球環境の破壊といった工学的、あるいは社会的、政治的な重要課題も無視することはできません。

このような問題の根本を明らかにするためには、エネルギーに関する科学の基礎を理解することが何よりも重要であり、本書の目的はそこにあります。

この本では、エネルギーの利用を方向づけている科学の法則やその活用のための知識、宇宙全体のエネルギーの歴史などを紹介していきます。科学の知識になじみのない読者にもわかりやすいように、本書ではエネルギーの科学的な扱いに必要な言葉の定義や必要な法則、エネルギーのさまざまな形、そしてその貯蔵や輸送などを説明し、物理学と化学、そしてほんの少しの生物学的な内容にも触れることにします。

第1章では、ニュートン力学における仕事と力学的エネルギーの概念、熱力学の重要な2つの法則、つまり、エネルギーの保存則と、エネルギーのすべてを利用することはできないということについて紹介します。そして、アインシュタインの有名な方程式$E=mc^2$に関係したエネルギーについても説明します。

第2章では、最もよく使われるエネルギーの形である、電磁波を含む電気エネルギーと、燃焼および光合成という形の化学エネルギーについて説明します。蒸気機関が産業革命をもたらしたのは事実ですが、こんにちの私たちにとって、最も身近なのはガソリンやディーゼル燃料によるエンジンですから、それらについても述べましょう。

第3章では核エネルギーの利用、核分裂と核融合について説明します。核融合は、地球上におけるすべての生命の活動を可能にしている、太陽から放射されるエネルギーの源です。

第4章では、エネルギーに関連した原子レベルの現象や、光を含む電磁放射において重要な量子力学の役割を紹介します。

第5章では、石炭や石油、天然ガスといった化石燃料としての長期間のエネルギーの貯蔵や、電池、水素、燃料電池などによる短期間の貯蔵などについて解説します。この章では、送電線やレーザービームによるエネルギーの輸送、高電圧で送電する理由や、交流が広く使われているわけにも触れます。

最終第6章では、宇宙の歴史のはじまりにおけるエネルギー、すなわちエネルギーの最初の「純粋な」形と、そこからすべての物質が生成されていくプロセスについて記述します。

読者のみなさんには、本書を通じて「エネルギーの科学」の基礎を理解し、核のエネルギーをわずかな例外として、地上で利用しているほとんどすべてのエネルギーの源が太陽であることがわかっていただけることでしょう。

エネルギーとはなにか　もくじ

## 第6章 宇宙のエネルギー 143

第1章

# 熱による仕事と基本法則

## 「蒸気機関」のインパクト

ヨーロッパとアメリカにおける産業革命は、政治的にも文化的にも、19世紀最大の出来事でした。その影響は、ロシアやワーテルローでのナポレオンの敗北や、ロシアの農奴解放、イギリスやアメリカの奴隷制廃止などをはるかにしのぐものでした。革命の立て役者は「蒸気機関」で、その活躍を可能にしたのはスコットランドの技術者、ジェームズ・ワット（1736～1819年）の発明した新しい凝縮バルブだったのです。

蒸気の力を利用することを初めて考えたのは、紀元1世紀ごろに、古代ローマの属州・アレキサンドリアに住んでいたギリシャ人の数学者で、技術者でもあったヘロン（生没年不詳）でした。ヘロンは風のエネルギーを動力にするために「風車」を考案したことでも知られています。

ヘロンの考えた蒸気を使う機械は「ヘロンエンジン」と呼ばれましたが、実用化されることはありませんでした。17世紀になって、実際に稼働する蒸気機関を初めて設計したのは、ドニ・パパン（1647～1712年ごろ）という人物です。

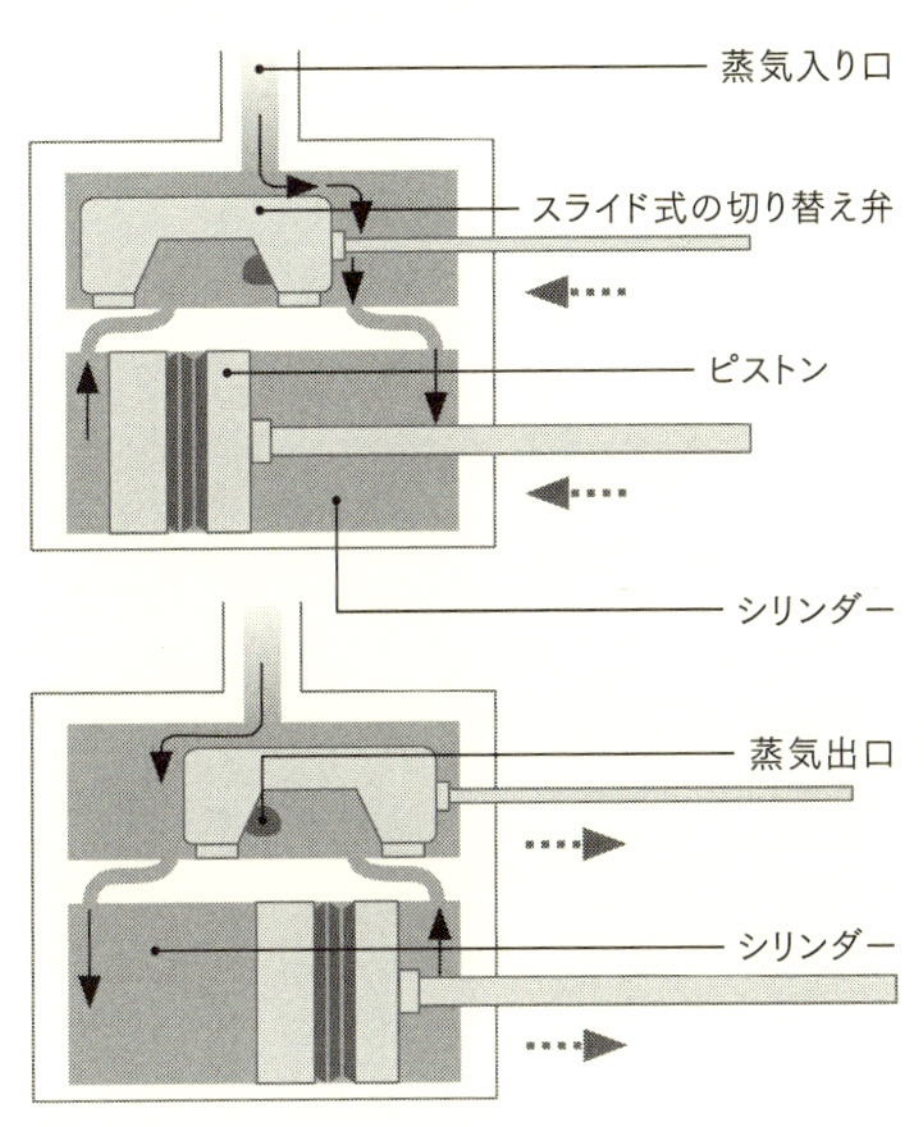


**図1－1　ワットのバルブをつけた複動式蒸気機関**
ボイラーからの加圧された蒸気が、スライド式の切り替え弁（バルブ）を通ってシリンダーに入り、蒸気出口を通って出ていく。

偉大なオランダ人物理学者、クリスティアン・ホイヘンス（1629〜1695年）の助手だったパパンは、ユグノー（プロテスタント）だったことから、カトリックの権威を復活させようとする祖国フランスを出てロンドンで職に就き、のちにドイツのマールブルク大学で数学の教授になりました。

パパンのエンジンでは、熱せられた水から発生した蒸気の圧力がシリンダー内のピストンを押し上げ、次に蒸気は冷やされて水になり、シリンダー内の圧力が下がってピストンを引き戻します。このしかけは、水をくみ上げるポンプとして使われました。徐々に改良はされたものの、連続的に動かせるようになったのは、ワットの画期的な発明のおかげでした。

グラスゴー大学の技師で、発明家でもあったワットは、図1－1のようなバルブを考案して、蒸気シリンダー全体の加熱・冷却を繰り返さなくてもよいようにしました。この発明によって「動輪」を回転させることが可能になり、実用化に拍車がかかったのです。

機械に関連した19世紀の多くの発明の中でも、この素朴なアイデアこそが、私たちの文明に対して最も大きな影響を与えるものでした。「仕事率」（電気エネルギーの場合には「電力」といいます）の単位として使われているワット（W）は、彼の功績を記念したものです（参考図書9）。

## 熱を支配する法則を見つけ出せ！

蒸気機関は、従来の人や家畜による労働と徐々に交代していっただけではなく、蒸気機関でなければできないような役割も果たすようになっていきます。大きな工場が効率的に操業し、それによって多くのヨーロッパやアメリカの都市が変貌を遂げました。

蒸気機関車（図1－2）を使った鉄道の敷設によって旅行時間が短縮され、アメリカ西部やカナダの人口が増加し、さらには、インド亜大陸やアフリカの植民地の支配にも役立ったのです。大都市にそびえたつ鉄道の駅（図1－3～図1－5）は、大聖堂に似た荘厳さで新しい時代の象徴となりました。

外輪船で川を上り下りするだけだった船旅を、巨大なスクリューのついた船舶による遠

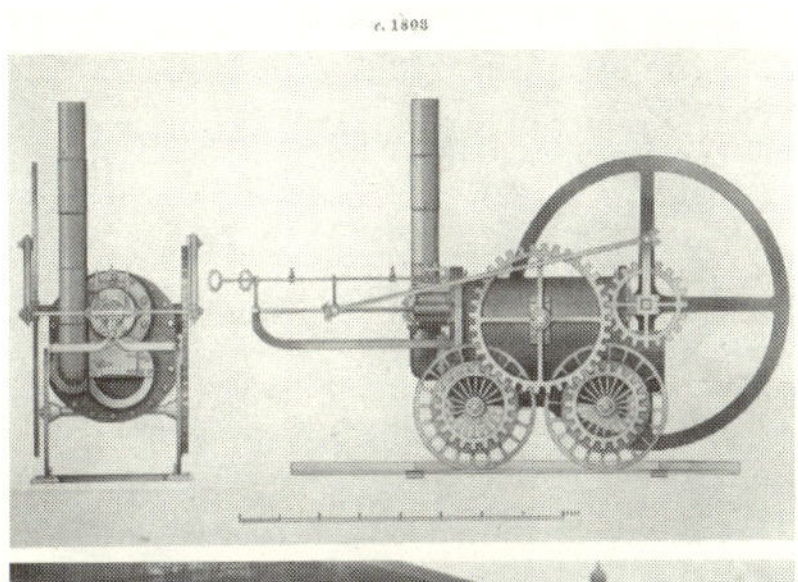

**図1－2**　（上）1804年にリチャード・トレヴィシックが建造した最初の蒸気機関車。（中）現代の蒸気機関車。（下）最新鋭の高速電気機関車。

図1－3　インド・ムンバイのチャトラパティ・シヴァージー・ターミナス（旧名ヴィクトリア・ターミナス）駅

図1－4　インド・ムンバイのチャトラパティ・シヴァージー・ターミナス駅の内部

**図1－5　1963年に取り壊される前のニューヨークのペンシルバニア駅の内部**

洋航海へと変えたのも蒸気機関でした。何世紀ものあいだ、風任せの帆船によって何ヵ月も要していた大西洋横断の航海は、1週間もかからなくなりました。西洋の生活のあらゆるところで、「熱から仕事をつくり出す」このエンジンが使われるようになったのです。

このような現実を目の当たりにして、「熱」と、「次々と形を変えるエネルギー」をより深く理解したいと科学者たちが考えるようになったのは当然のことでした。

もちろん、最初から熱とエネルギーの関係がわかっていたわけではありません。熱について研究し、熱を支配する法則を見つけ出すことを目的とする物理学の新しい分野を、そこから派生したものも含めて「熱力学」と呼びます。熱力学は、1800年代には「電磁気学」とともに物理学における最も活発で革新的な分野となり、エネルギーの研究と理解が進展していくことになります。

「エネルギー」という言葉の語源はギリシャ語ですが、アリストテレス（前384〜前322年）の著作には、エネルギーの概念は「仕事ができる力」というあいまいな表現でしか登場しません。

古代ギリシャにも中世のヨーロッパにも、その概念をもっと厳密なものにしようという願望や要求はなかったようで、16世紀から17世紀にかけての科学革命までの、およそ2000年間にわたって未完成であいまいなままでした。

## 古典力学におけるエネルギー

エネルギーがもう少し精密に認識されるようになったのは、運動する物体による衝撃としてでした。

物体が重ければ重いほど、そして速ければ速いほど、その衝撃がより強くなることは誰でも知っています。それはラテン語で「*vis viva*」、すなわち「活力」と呼ばれ、物体の

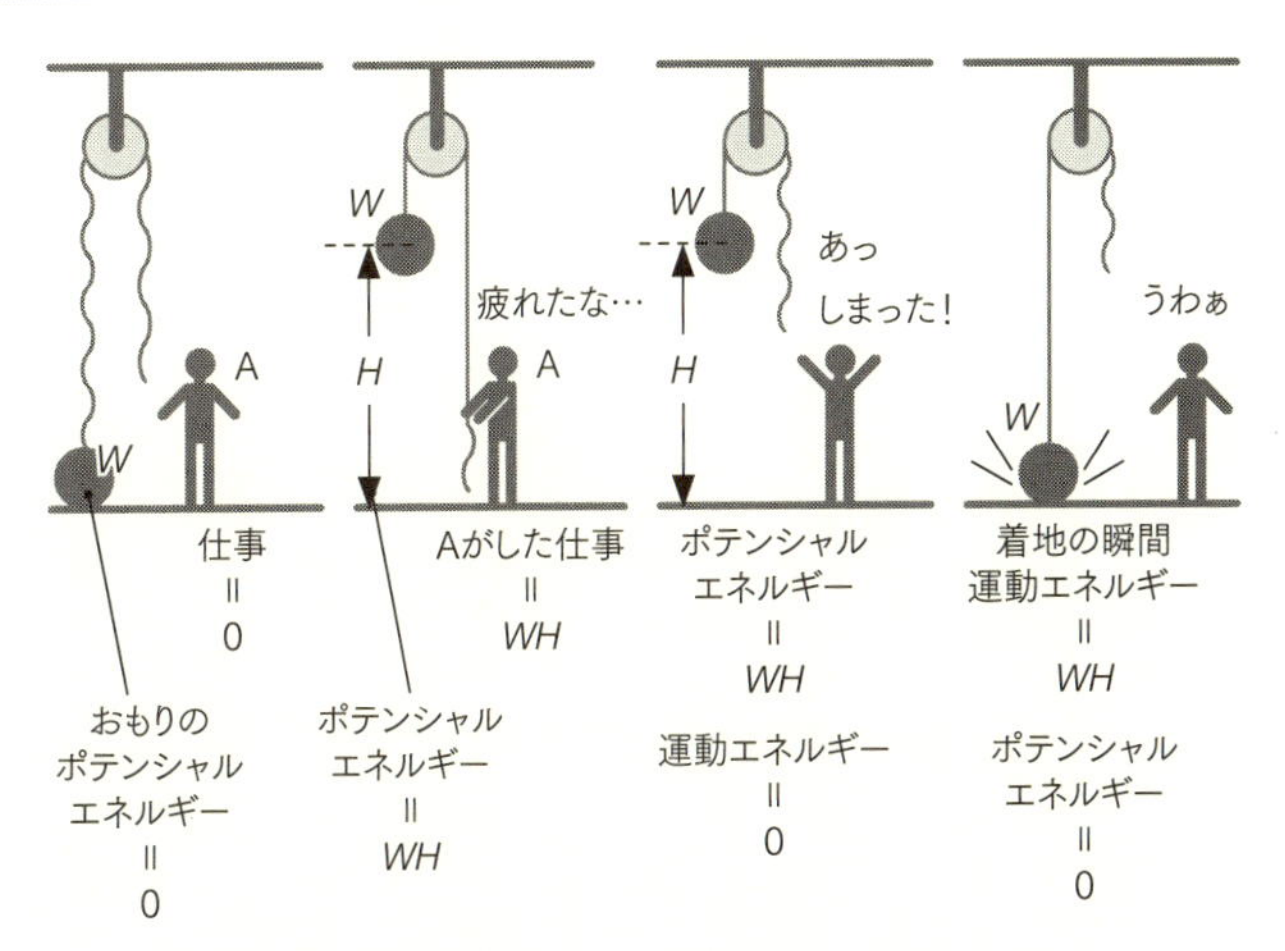


**図1−6　エネルギーと仕事**　Aがした仕事は、まずポテンシャルエネルギーに変わり、次に運動エネルギーに変わって、最後は音や熱になる。

質量$m$と速度$v$の2乗の積$mv^2$で定義されました。

ガリレオ（1564〜1642年）は、さまざまな角度に傾けた板に球を転がして、球の質量にはよらない一定の加速度で運動の速度が増加することを示しました。さらに、球が床に着いたときの活力は、垂直に落ちても、傾いた板を転がっても、その重さ$W$（つまり、重力の大きさ）と落ちた高さの積の2倍に等しいことがわかりました。

ある物体が動かされた距離と、それを動かすために必要な力の積を「仕事」と呼びます。高さ$H$まで球を上げるのに必要な仕事は、$H$に球の重さをかけたものに等しいので、球を持ち上げるためになされた仕事は床に落ちたときの活力の半分（$mv^2/2$）になります。

この$mv^2/2$は、のちに「運動エネルギー」と呼ばれるようになりました。球の最終的な運動エネルギーは、持ち上げるためになされた仕事に等しくなります。床への衝撃は運動エネルギーで表され、運動エネルギーは最初になされた仕事と等しいのです。

球が仕事をされて高さ$H$の位置に静止している、つまり、落下すれば運動エネルギーの形で吐き出す準備ができている状態を、なされた仕事に等しい「ポテンシャルエネルギー」をもっていると表現します。落下するあいだにそのポテンシャルエネルギーは運動エネルギーに変わりますが、「エネルギーの総量」は変わりません。ポテンシャルエネルギーも運動エネルギーも、つねに実際の仕事との交換が可能です（図1－6）。

回転運動にも、運動エネルギーがあります。回転している重い動輪は、直線上を運動する重い物体と同じように運動エネルギーをもっています。動輪の縁にひもをつけておもりを吊るすと、おもりが持ち上がるときには運動エネルギーは仕事に変化します。

その逆は、直線運動の仕事を運動エネルギーに変換するのと似ていて、力が加われば動輪への「トルク」という形で回転の運動エネルギーに変換され、回転が加速されます。トルクは、力のかけられた点から回転の軸までの距離と、力の大きさの半径に垂直な成分との積で定義されます。

**図1－7　ゲオルギウス・アグリコラの著書『*De Re Metallica*』(1556年)に描かれた砕石場**（邦訳『デ・レ・メタリカ―近世技術の集大成―全訳とその研究』三枝博音訳、岩崎学術出版社、1968年）

質量$m$の物体が速度$v$で運動しているときの運動エネルギーが$\frac{mv^2}{2}$であるのと同様に、角速度$\omega$で回転する動輪の回転の運動エネルギーは$\frac{I\omega^2}{2}$になります。角速度$\omega$は、回転の速さを「単位時間あたりに回転する角度の大きさ」で表したものです。$I$は「慣性モーメント」と呼ばれ、物体の質量と形状、つまり質量がその形状にどのように分布しているかによって値が決まります。

たとえば質量$m$、半径$r$の中の詰まった円筒形の動輪の慣性モーメントは$mr^2/2$となります。単位時間とは、いま考えている現象における基準となる時間の長さを意味し、物理現象においては通常、1秒間です。

エネルギーのこのような変換は、何世紀にもわたって利用されてきました。中国や古代ローマでは、流れ落ちる水の運動エネルギーを水車によって回転のエネルギーに変換していました。液体も気体も、動いていれば当然、運動エネルギーをもっています。風の運動エネルギーは風車によって回転のエネルギーに変換され、トウモロコシを粉に挽（ひ）くという重労働において、従来の牛や馬に取って代わりました。図1－7には、砕石場で使われた水車が描かれています。

## ニュートンは「エネルギー」を知らなかった？

アイザック・ニュートン（1643～1727年）の運動方程式は、これらを一般的な状況に適用できるように数式で表現したものです。

振り子が振れているあいだ、先端のおもりは運動エネルギーとポテンシャルエネルギーの交換をつづけ、いちばん高いところに来た瞬間に、すべてのエネルギーはポテンシャルエネルギーになって（一瞬）静止します。いちばん低い位置ではすべてが運動エネルギーになり、振り子が上がりはじめると運動エネルギーが減ってポテンシャルエネルギーが増加します。

同様に、彗星が太陽に接近するとき、最近接点に達するまではポテンシャルエネルギーが運動エネルギーに変わり、最近接点を過ぎて遠ざかりはじめると運動エネルギーがポテンシャルエネルギーへと変わります。

しかし、ニュートンが運動の法則を論じた著書『自然哲学の数学的諸原理』（プリンキピア）の中に「エネルギー」という言葉は見当たりません。エネルギーの概念は暗黙には認識されていましたが、「エネルギー」という用語、あるいは彼が著述に使っていたラテン語による「energia」は使われていないのです。ニュートンの運動についての考え方や議論は、代数的というよりはむしろ幾何学的だったのです。

ニュートンの運動の法則を、こんにちよく知られている$F=ma$という運動方程式に初めて書いたのは、実は18世紀の偉大な数学者で、スイス生まれのレオンハルト・オイラー（1707～1783年）でした。オイラーは、ニュートンの運動方程式は「いかなる物体の集合も、外力を受けなければ何かある保存則に従う」ということを表していると見抜いていました。

運動エネルギーとポテンシャルエネルギーを合わせたエネルギーの合計、運動量の合計、そして、角運動量の合計は、それぞれがすべて保存される——すなわち、一定の値に保たれ、どんなに複雑な運動をしていても、それぞれの値は変わりません。このような事実を「保存則に従う」といいます。

粒子の運動量は、その質量と速度の積で定義され、回転運動をしているときの運動量と、ある点から測った回転の半径との積が、その点の周りでの角運動量になります。ここでは、エネルギーだけを考えることにしましょう。

## ネーターの定理——対称性と保存則の関係

ここで、理屈が気になる読者なら、なぜニュートンの運動の法則がこれらの保存則を意味しているのかをふしぎに思うかもしれません。運動方程式がどのような形でも、運動しているあいだは運動の変数に依存する何らかの量が一定に保たれる、などということがあるのでしょうか？

この問いに答えを与えたのは、アマーリエ・エミー・ネーター（1882～1935年）というドイツ人数学者です。

エミー・ネーターは1882年、エアランゲンで数学者の娘として生まれ、地元の大学で数学を学びました。しかし、当時のドイツの大学では、女性は正規の学生として登録できませんでした。女性の入学を許すと「すべての学術の秩序を覆(くつがえ)すことになる」とまでいわれ、この事情は諸外国でも同様でした。

学業を続けるためには、大学の評議員と彼女が受講を希望したすべての科目の教授たちによる特別の許可が必要でした。ゲッチンゲン大学で大学院課程に入ること、また、そこで最低の給与で数学を教えはじめることが最終的に可能になったのは、当時のヨーロッパにおける最も著名な数学者であり、かつ非常に先見的な人物でもあったダヴィド・ヒルベルト（1862～1943年）の強力なサポートがあったからでした。

1933年、ドイツでナチスが台頭してきたとき、エミー・ネーターはユダヤ人であったために職を失いました。彼女はドイツを去ってアメリカに渡り、ペンシルバニア州ブリンマー大学の数学の教授へと転身しましたが、2年後にがんの術後感染症によってこの世を去りました。

エミー・ネーターは代数学を専攻し多くの重要な貢献をしたことで、その名を遺していま す。同時に、物理学者たちのあいだでは、「ネーターの定理」と呼ばれるものの証明で知られています。

ネーターの定理によれば、運動方程式にある「対称性」(あるいは「不変性」ともいわれます)があれば、それに対応して一定に保たれる「量」が存在します。たとえば、方程式が並進、すなわち空間内での移動に対して不変であれば、運動量が一定です。また、方程式が時間の並進と反転に対して、つまり実験が今日であろうと明日行われようと、あるいは運動を撮影したフィルムを前進させても逆転させても不変であれば、エネルギーが一定値となります。

エミー・ネーターによって証明された「対称性と保存則の関係」は、その後の基礎物理学に大きな影響を与えました。古典力学におけるエネルギー保存則は、ニュートンの方程式の〝偶然の副産物〟ではなく、方程式の構造による当然の結果だったのです。

しかし――、ちょっと待ってください。エネルギーは、本当に保存されるのでしょうか?

振り子の運動を注意深く眺めれば、2度めに振り上がるときには、スタート時と同じ高さまでは上がらないことに気がつくでしょう。おもりは、ポテンシャルエネルギーを少し失うのです。

このように、現実の振り子は徐々に静止へと向かい、ついには運動エネルギーもポテンシャルエネルギーもなくなってしまいます。「摩擦」の存在が、機械システムのエネルギーの保存を妨げているのです。ニュートンの運動方程式は、摩擦のない自由空間で有効なように理想化されていますが、現実には、小さな補正として摩擦を加えなければなりません。

18世紀にはこのことは謎でしたが、19世紀になって熱についての理解が進んだことで解決をみることになります。

## 「エネルギー保存則」の発見者は誰か？

摩擦が熱を生じ、その熱もまた、エネルギーの1つの形であるということが認識されたことで、機械システムにおけるエネルギー損失の謎が解消されました。

この事実がそれ以前に認識されていなかった理由は、長いあいだ、「熱は〝カロリック〟と呼ばれる流体であって、あらゆる物質に浸透し、熱い部分から冷たい部分に向かって流れるという本質的な性質をもつ」と考えられていたからです。

しかし、摩擦によって氷を融かしたり、砲身の鉄を赤く熱したりする現象を目にしたことによって、カロリック説は徐々に「熱の運動理論」に取って代わられました。熱は、「物質を構成している分子の乱雑な運動」に他ならないという認識が、広く知れ渡っていったのです。

こうして、熱もまたエネルギーの別形態であることが判明しました。しかし、見方によれば熱は、副次的な現象であるともいえます。微視的(ミクロ)にみれば、分子が運動しているだけで、熱という〝もの〟は存在しません。とはいっても、私たちがふだんものを見ているような、そして熱力学で扱うような巨視的(マクロ)な視点からは、全体としての秩序ある運動(機械的なエネルギー)と、構成分子の無秩序な動き(熱)とは明らかに異なります。

機械的なエネルギー(構成する物体の運動エネルギーとポテンシャルエネルギーの和)と熱の双方を含むあらゆる物理系において、エネルギーの総和がつねに保存される事実が実証されたことは、19世紀の科学における最も重要な進展の1つでした。これが成し遂げられるまでには、大きな論争がありました。

エネルギー保存則の発見者の一人は、ユリウス・ロベルト・フォン・マイヤー（1814〜1878年）というドイツ人医師で、若いときは熱帯航路の船医を務めていました。彼は航海中のあるとき、船が熱帯に入ると、船員の血液の色が変化することに気づきました。マイヤーはこれを、人体の中で血液の温度を一定に保つための働き（仕事）が、暑いところでは寒いところよりも少なくてすむからだと考えました。

証明は複雑で、すべてが正しくはなかったのですが、「熱と仕事の総量が保存される」という自然界の基本的な法則が存在するに違いないという結論を得ました。マイヤーはきわめて重要なことを発見したという確信をもっていましたが、科学的に矛盾のない方法で論証することができず、この発見を公表するのに非常に手間どりました。マイヤーは科学者ではありませんでしたが洞察力に富み、彼がエネルギーと呼んだ基本的な量が、熱と機械的な仕事の両方の形をとり、しかも保存されるということを見抜くだけの見識を有していました。

そのころ、英国の物理学者、ジェームズ・プレスコット・ジュール（1818〜1889年）が、同じ法則を別の方法で発見しています。

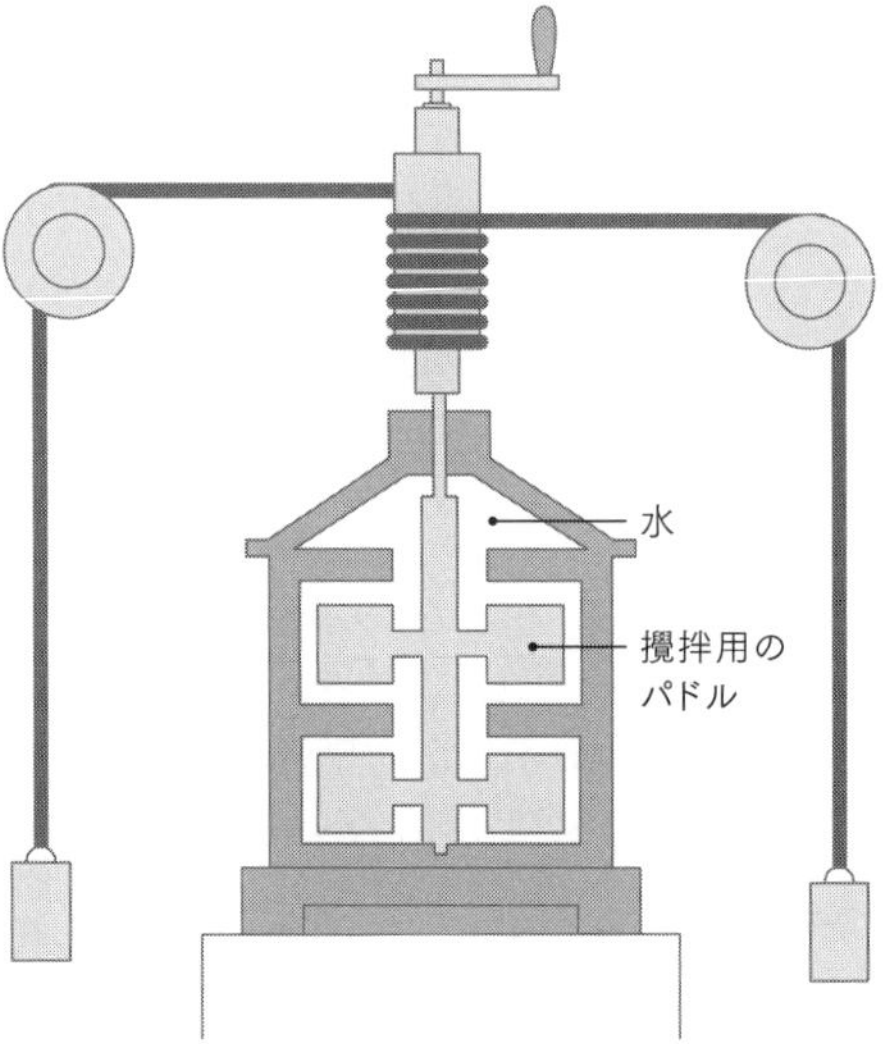

**図1－8　熱の仕事当量を測定するためにジュールが使った装置**

とても注意深く、ていねいな実験家であったジュールは熱がエネルギーの1つの形であることを確信し、どれだけの熱がどれだけの仕事に相当するかを正確に測ろうと試みました。彼の装置は、図1－8のようにおもりを上下させることによって容器の中で羽根車を回し、水をかき回して摩擦によって温めようというものでした。

水温の上昇とおもりを持ち上げる仕事の測定によって、ジュールはどれだけの仕事がどれだけの熱に等しいのかを非常に精度よく算出しました。この数値を「熱の仕事当量」と呼んでいます。こんにちでは、彼の業績を記念して、エネルギーの単位にジュール（J）を使用しています。

## 第二の発見者

エネルギー保存則の発見者とされるもう一人の科学者は、ドイツ人の内科医で物理学者、科学哲学者でもあったヘルマン・フォン・ヘルムホルツ（1821～1894年）です。

ヘルムホルツは、筋肉の収縮における代謝が、当時の多くの人たちの考えとは違って、〝生命体に固有の力〟（当時の「力」は現在の言葉ではエネルギー）なしに説明できることを示しました。『力の保存について』と題する広く読まれた論文の中で、力学、熱、光、電気、磁気は、すべて「力」、すなわちエネルギーの概念で関係づけられると述べているのです。ヘルムホルツがマイヤーの仕事を知っていたのかどうかは当時、論争の的になりましたが、彼は当時も、そして現在も故国・ドイツで高く評価されています。

「エネルギー保存則」は、現在では「熱力学第一法則」と呼ばれ、物理学の基本法則の1つとなっています。この法則は、孤立していてエネルギーを注入されることなく永久に動き続けるエンジン――そのような想像上の装置は「永久機関」と呼ばれています――はできないことを表したものです。

それにもかかわらず、多くの発明家が長年そのような機関（エンジン）を作製して特許を得ようと奔走してきました。彼らは、永久機関の実現によって、世界のエネルギー問題が解決するだろうと考えていたのです。

## 熱力学第二法則

みなさんはこの時点で、熱力学第一法則は「何もないところからエネルギーを取り出すことはできない」といっているけれども、エネルギーを失うこともないのだから、地球のもっているエネルギーの供給源は何であれ安泰である、と考えるかもしれません。

何といっても、世界中の大海原には熱の形のエネルギーが大量に溜まっています。うまい方法で海をいくらか冷やし、その熱を取り出すことができれば、仕事のできる機械的なエネルギーに変えることができるでしょう。しかし、残念ながら第一法則と同じように、物理学の基本となる「熱力学第二法則」が存在します。

この法則の発見に寄与したのは、「熱力学の父」とも考えられているニコラ・レオナール・サディ・カルノー（1796〜1832年）というフランス人の技師でした。18世紀末のパリで、著名な軍人の息子として生まれたサディ・カルノーの主な興味は、当時の技術者たちが実験していたあらゆる熱機関の働きの根本を理解することにありました。

問題だったのは、蒸気機関の蒸気を、別の気体や液体に置き換えて改良することができるか、ということでした。あらゆる熱機関に使えるような一般的な言葉でその疑問に答えるために、彼は、摩擦なく働く理想的な熱機関――カルノーの機関――を考え出しました。

それは、ある高い温度の熱浴（温度が一定であるような大きな熱源を熱浴といいます）から、別のより低い温度の熱浴へ熱を移すことによって、機械的な仕事を生み出すというものでした。サディ・カルノーが『火の動力、および、この動力を発生させるに適した機関についての考察』という本に書き表した証明の重要な結論は、「そのような理想的な装置の効率は、仕事の量を流入させた熱量で割ったもので測られるが、これは2つの熱浴の温度だけの関数である」というものでした（訳註『火の動力、および、この動力を発生させるに適した機関についての考察』の邦訳は参考図書24）。

カルノーの機関では、高温の熱浴の温度が低温の熱浴に比べて高いほど効率がよく、熱機関に使われる液体の性質にはまったく依存しません。彼の理論によれば、過熱した蒸気、あるいはのちに発明されたディーゼルエンジンやガソリンエンジンのような別のものを使った場合には、通常の蒸気によるよりも高温熱源の温度を高くでき、効率が上がることは明らかでした。

サディ・カルノーは、この仕事を熱力学第一法則が確立するよりも早く論文に仕上げ、第二法則の発見への道をひらくことになりました。彼は、パリで流行したコレラのために、１８３２年に36歳で死去しています。

## 宇宙を待ち受ける「熱的死」

熱力学第二法則は、第一法則ほど簡潔には記述できませんが、「海のような熱浴から熱を取り出すだけで、他に何もしない熱機関は存在しない」という言い方ができます。「熱を取り出すだけ」というのは、熱を吸い上げて熱機関、すなわちエンジンに注ぎ込み、余分の熱をもとの熱源、あるいは同じ温度のものに戻すということも含みます。このような熱機関を「第二種の永久機関」と呼びます。

言い換えれば、第二法則は「熱機関として働くためには、カルノーの機関のように、熱はつねに高温の熱源から流れ出て、低温の熱源に流れ込まなければならない」ということを意味しています。どんな場合にも、熱機関として機能させるには、低温熱源に捨てるべき〝余分の熱〟を生産しなければならないのです。

結果として、当然のことながら高温熱源の温度は下がり、低温熱源の温度は上がります。そして、熱機関の効率は、2つの熱源の温度が等しくなるまで徐々に低下して、やがて停止します。

もし、宇宙全体に異なるさまざまな温度の区域、つまり高温の星や低温の空間があると考えるならば、これまでのすべての仕事は「高温領域から熱を取り出して低温領域に移すことでなされた」ことになります。このプロセスは、すべての領域が同じ温度になって、これ以上仕事を引き出すことができなくなるまで温度を均一にする方向に向かいます。

熱力学第二法則の暗示する宇宙のこの運命は、「熱的死」と呼ばれています。ただし、熱的死は何億年も先のことですから、近い将来について心配する必要はありません。原理的にそうなる、という話にすぎないのですから。

実用的な観点からは、熱力学第二法則は、世界の全エネルギーが一定で何も失われるものはないとしても、仕事をしてエネルギーを消費するプロセスでは、必ずエネルギーのある部分が役に立たない形に変換されることを意味します。変換されたものは熱エネルギーではありますが、そのような低温ではそこから仕事を引き出すことはできません。つまり、熱の一部を捨てることは、決して避けられないのです。

ここまでは、エネルギーの2つの形――熱エネルギーと、仕事のような機械的エネルギー――だけを考えてきましたが、同じように重要なエネルギーの形が他にもあります。熱力学の基本的な法則は、それらのすべてに適用可能です。

## エネルギーに新たな光を当てたアインシュタイン

20世紀の初頭、「何をエネルギーとみなすか」という問題が、ニュートン以降最も偉大な科学者といわれる人物によって、ふたたびクローズアップされることになります。

その人物、アルバート・アインシュタイン（1879〜1955年）にとって、1905年という年は、アイザック・ニュートンの「驚異の年」――すなわち、彼が微積分学と万有引力の法則を発見した1664年から1666年にかけて――とよく似た、驚異的な創造のときでした。

ミュンスターと呼ばれる美しいゴシックの大聖堂で有名な南ドイツのウルムに生まれたアインシュタインは、その町で学校に入ったものの、当時のドイツの学校の習慣や規律にはなじめませんでした。高等教育をスイスのチューリッヒ工科大学で受けた彼は、卒業後1年間の教員生活のあと、ベルンのスイス特許庁で申請内容の調査の仕事に就きました。特許庁で若手職員として勤めるかたわら、26歳のアインシュタインは4編の論文を書き上げます。そのうちの3編は、ニュートンの創始した古典力学と同様、私たちの自然に対する理解のしかたに重大な変革をもたらすものとなりました。

まず、光の量子——これはのちに「光子」と呼ばれることになります——という考えを導入して、「光」というものに対する見方を変え、あとで説明するように「放射の量子理論」を開発しました。2番めには、顕微鏡下でみえる水中の微粒子のふしぎで不規則な動き（「ブラウン運動」と呼ばれる）の謎を、水の分子の運動として説明しました。

3番めが「相対性理論」の発見で、これこそ、私たちの空間と時間の概念をすっかり変えてしまうものでした。そして4番めには、相対性理論の結果を利用して「$E=mc^2$の関係」と、「エネルギーの形として質量を使う」という概念を導入しました。

彼は、この4編の論文によってチューリッヒ大学の助教授の職を得て、1911年には、プラハ大学の教授職に就きましたが、他の物理学者たちからは注目も理解も得られませんでした。そのような中で、アインシュタインの仕事に注目し、その独創性と重要性を高く評価した物理学者がいました。量子力学に向かって第一歩を踏み出していたマックス・プランク（1858〜1947年）です。

プランクは、アインシュタインをベルリンのカイザー・ウィルヘルム物理学研究所の所長として招聘します。1915年、アインシュタインは同研究所で数学と大いに格闘した末、ニュートン力学と離れ、「一般相対性理論」と呼ばれる重力の理論を構築しました。

それから4年後の1919年、イギリスの天文学者、アーサー・スタンレー・エディントン（1882〜1944年）が、日食を観測するために南アフリカに遠征しました。エディントンは、日食のときにしか測定できない「太陽の重力が星の光に与える影響」を正確に観測し、一般相対性理論の予測の1つを証明したのです。

エディントンの観測結果はニュートンの法則による予測とは違っていて、アインシュタインはニュートンの間違いを証明したとして、瞬く間に世界的に有名になりました。世界中を旅してまわり、講演を行ったアインシュタインは、各地のマスコミからまるで映画スターのように扱われました。

## 大統領就任要請を受けて

世界中で称賛されたアインシュタインでしたが、ユダヤ人であったがゆえに、故国のドイツではナチスの台頭と歩調を合わせるように、同僚のうちにも彼を非難する者が現れました。アインシュタイン自身は信心深いたちではなかったものの、ユダヤ人であることを決して恥じることはなく、隠そうともしませんでした。強い信念をもって、自分は平和主義者であり（彼は、ガンジーとその考え方の信奉者でした）、ある意味では「シオニスト」（実際にパレスチナへ移動しようとしたわけではありませんが）であると表明していました。

国家主義を嫌っていたにもかかわらず、アインシュタインはイスラエル建国を支持します。それはとても熱心なものだったため、1952年にイスラエルの初代大統領、ハイム・ヴァイツマンが死去した際には、その後継者として就任を要請されたほどでした（アインシュタインはこれを辞退しています）。

アインシュタインは生涯を通して伝統を嫌い、周囲の意見に惑わされることはありませんでした。

第一次世界大戦のさなか、開戦におけるドイツの責任を否定し、ドイツ軍のベルギー侵攻を肯定する悪名高い「93人の宣言」への署名を拒否した、数少ない著名なドイツ人教授の一人でもあります。晩年には、ときに型破りな服装をし、ほとんどの写真に残されている彼の髪はクシャクシャです。彼の物理学を革新的なものへと駆り立てた自由な考え方が、日常のふるまいにもそのまま表れていました。

アインシュタインは音楽を愛し、モーツアルトがお気に入りで、自らバイオリンを弾きました。若いころに同級生と結婚し、娘のリーゼルと二人の息子(ハンス・アルバートとエドゥアルド)をもうけましたが、その結婚生活は破綻し、離婚しています。彼はその後、従妹と結婚し、1936年に彼女がこの世を去るまでともに過ごしました。

1933年にヒトラーが台頭し、米国訪問中にナチスの暴力によってベルリン近郊の自宅が破壊されたとき、アインシュタインは「帰国するのは危険だ」という友人の意見に従って、ニュージャージー州プリンストンの高等研究所の教授職を受けることを決意しました。実際には、アブラハム・フレックスナーによって研究所が設立される前に要請されたもので、アインシュタインは人生の最期までそこで過ごすことになりました。

## $E=mc^2$の誕生

先に紹介した先駆的な論文の4番め――すなわち、新たにつくられた相対性理論から、アインシュタインは「ある物体がエネルギー$E$だけの放射をすると、その質量は自動的に$\frac{E}{c^2}$だけ減少する」という結論を得ました。ここで$c$は光速を表し、秒速約30万キロメートルに相当します。

この関係式から、ある物体の質量はエネルギーの尺度にもなることがわかります。質量が$m$だけ変化すれば、エネルギーが$E$だけ変化します。そしてその関係は、$E=mc^2$なのです。

ジュールの実験によって、エネルギーの意味に熱が含まれるように拡張され、熱の仕事当量の測定によって保存則が確立されたように、アインシュタインはエネルギーの意味に質量を含むようにさらに拡張しました。保存則が成立するために、エネルギーの単位と質量の単位の比を示す、$E=mc^2$が必要だったのです。

ジュールが熱の仕事当量を測定したというならば、アインシュタインは「質量のエネルギー当量」を提示したといってよいでしょう（アインシュタインの有名な式の発見の詳細な歴史については、参考図書7を参照のこと）。

アインシュタインの方程式は同時に、質量$m$の自由に動く粒子が、その運動による運動エネルギーのほかに、$E=mc^2$の「静止エネルギー」をもつということを意味しています。言い換えれば、「まったく動いていなくて、しかも外力も働いていない」、すなわち、「ポテンシャルエネルギーをもたない粒子」が、それでも$E=mc^2$で表現される大きなエネルギーを有している、ということです。

たとえ質量がきわめて小さくても、光速が非常に大きく（何といっても秒速30万キロメートル）、さらにこれが2乗になるために、そのエネルギーは莫大になるのです。ただし、実際には、この余分のエネルギーは重要な役割をいっさい果たすことはないと考えられていました。なぜなら、粒子の質量を変えるようなエネルギーの形の変化は、その時点では知られていなかったからです。

この理解はしかし、後述するように、次の50年間の核物理学の進展とともに変更を余儀なくされることになります。実は、アインシュタイン自身でさえ、原子核反応によって質量が運動エネルギーに本当に変換されるとも、のちに発見されたように巨大加速器を使った実験による粒子の創成によって、運動エネルギーや放射が質量に変わるとも予想していませんでした。それにもかかわらず、彼の見出した新しい法則は、あとに続く物理学にとって基本的なものとなっていくのです。

１９３８年にドイツで核分裂が発見されると、見識ある物理学者たちはすぐさま、ヒトラーの手によって壊滅的な爆弾の製造が可能になることを認識しました。熱心な平和主義者であったアインシュタインは、同僚や友人たちから成る小さなグループに説得されて、ルーズベルト大統領に危険を知らせるため、「核分裂兵器の可能性を探る強力なプロジェクトを開始するように」という内容の手紙に署名しました。

この手紙の結果が、「マンハッタン計画」でした。同計画の推進により、ニューメキシコ州ロスアラモスの広大な研究所で原子爆弾が製造されます。それを知ったアインシュタインは深く嘆きましたが、その爆弾の使用によって第二次世界大戦は終結を迎えることになりました。

アイザック・ニュートン以後の最も偉大な科学者は１９５５年、プリンストンでその生涯を終えています。アインシュタインの数ある伝記の中で、筆者のお薦めはWalter Isaacsonによる『*Einstein: His Life and Universe*』です（参考図書8）。

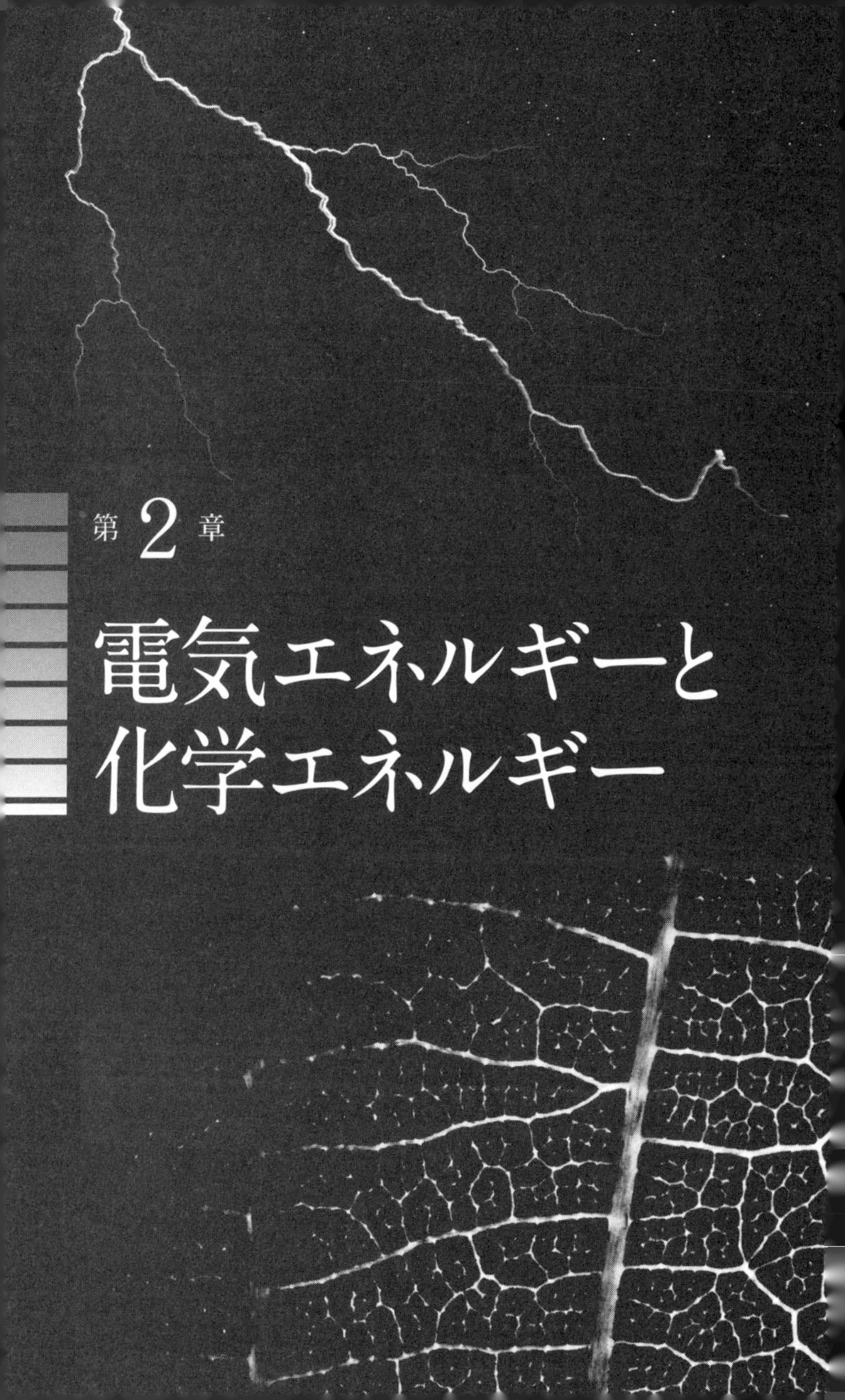

第 2 章

# 電気エネルギーと化学エネルギー

## 光は熱の〝副産物〟

銅やアルミニウムの電線を通って流れてくる「電気」というエネルギーは、みなさんにおなじみでしょう。壁のコンセントにランプのコードをつないでスイッチを入れれば、電灯がつきます。電流の損失をもっと少なくしたいなら、金線を使う手もあります。

19世紀末にトーマス・エジソン（1847〜1931年）が発明した白熱電球は、産業社会におけるすべての街に、夜のにぎわいをもたらしました。しかし、電線から電球に流れ込むエネルギーのすべてが、「光」になるわけではありません。

実際に電球を触ってみればわかるように、エネルギーの大部分は「熱」になります。極低温で起こる「超伝導」の場合を除いて、電線を流れる電流は、必ずある程度の熱を発生します。

金属の電線（一般的な電球ではタングステン線）が十分に細ければ、非常に熱くなって光を発します。実のところ光は、熱の発生の〝副産物〟なのです。

ハロゲン電球という電球には、アルゴンや窒素などの不活性ガスと、少量のヨウ素あるいは臭素（これらは「ハロゲン」と呼ばれています）を充填してあります。これらは、タングステンと化学反応を起こしてフィラメントの寿命を延ばし、さらにフィラメントを高温にすることができます。

高温になると、光のスペクトルは青色のほうへずれ（光のスペクトルは温度が低いほど赤の割合が多く、温度が高くなると青や紫の割合が増えます）、赤外光の割合が減って可視光（電磁波のうち波長が約380〜800ナノメートルの、人間の目にみえる光）の発光効率が上がります。熱の発生によってフィラメントが蒸発するため、白熱電球の寿命はいずれにせよかなり短いのですが、電線を光らせるのとは別のしくみで輝く蛍光灯やLED（Light Emitting Diode）のような電灯は、放熱が少なく効率も良くなっています。

蛍光管の中には気体の水銀を充填してあり、電極から出た電子は水銀原子と衝突します。電流からエネルギーをもらった水銀原子が、そのエネルギーを紫外線として放出し（詳しくは第4章で述べます）、それが蛍光管の内側の塗料に当たって蛍光を発します。蛍光とは、熱を発生せずに可視光を出す現象です。

## 電力消費量が極端に少ないＬＥＤ

ＬＥＤは、電圧によってエネルギーを得た電子が、そのエネルギーを光として放出するという半導体の基本的な性質を応用したものです（半導体は、金属などの「導体」と、木材のような「絶縁体」の中間程度に電気を伝える物質です）。

この現象は「エレクトロルミネッセンス」と呼ばれ、やはり熱を発生しません。個々のＬＥＤは非常に弱い光しか出さないため、強い光を出すためにはたくさんの素子を集めなければなりません。しかし、そのようにしてつくられた小さな電灯を、たとえば6週間も昼夜つけっ放しにしたとしても、30ワットの電球を1時間点灯した程度の電力しか消費しないのです。

1秒間に電線を流れる電気エネルギーを「電力」といい、単位にはワット（W）を使います。電力は、電圧と電流の積に比例します。電圧の単位はボルト（V）、電流の単位はアンペア（A）です。

使用した電力の総量（「電力量」といいます）は電力に使用時間をかけたもので、ワット秒（Ws）で表しますが、実用的には毎月の電気料金の請求書に記載されているように、キロワット時（kWh）が使用されます。

## 相次いで見出された電磁気学の法則

実用上でエネルギーの最も重要な形は、重い物を持ち上げたり、車や列車、飛行機などを加速したりする機械的な仕事や運動エネルギーです。

電気エネルギーをそのような機械的なエネルギーに変換するには、まず「熱」に変えて、それから蒸気機関のようなさまざまな手段を用いて「仕事」に変えます。電気機関のような直接の方法もあります。「機関」（エンジン）とは、別の形のエネルギーを機械的なエネルギーに変換する機械のことを意味しています。

電気機関、すなわち電動機（モーター）は、交流で発生させた磁場を使って、軸の周りを回転するコイル（あるいは磁石）に、連続的にトルク（23ページ参照）を発生させます。

この動作のもととなる「電磁誘導」と呼ばれる現象を最初に発見したのは、アメリカ人物理学者のジョセフ・ヘンリー（1797〜1878年）で、1830年のことでした。しかし、その1年後、イギリスのマイケル・ファラデー（1791〜1867年）がヘンリーとは独立に同じ現象を見出し、先に発表しました（ファラデーの電磁誘導の法則、1831年）。

電動機は、電気エネルギーを回転の運動エネルギーに直接、変換します。現代の工場では、蒸気機関ではなくモーターを使っています。また、家庭用機器や腕時計のような小さなものまで、さまざまな大きさのモーターがつくられています。

電流と磁石、あるいは電流どうしのあいだに相互作用があることは、すでに1820年に確認されており、フランスの物理学者、アンドレ・マリ・アンペール（1775〜1836年）が「電流の方向に対して、右ネジの回転する方向に磁場が発生する」ことを発見しました（アンペールの法則）。電流の単位のアンペアは、電流という言葉を提案したアンペールにちなんでいます。

## 発電は石炭火力が4割

回転する磁石、あるいは固定磁場の中で回転する電線のコイルによって、機械的なエネルギーを電気エネルギーに変換することができます。これが「ダイナモ」、あるいは「発電機」と呼ばれるものです。

**図2－1　1909年にムルガブ河岸・ヨロテン（現在のトルクメニスタン）に建設された水力発電所に設置されたハンガリー製の発電機**

これを大規模にすると、たとえば、滝の水を発電機を回すためのタービンに落とすことによって、大量の水の運動エネルギーを電気エネルギーに変えることができます（図2－1）。水力発電所は、ナイアガラの滝のような自然の滝に設置されたり、中国の三峡ダム、コロラド川のフーバーダムのような大きなダムに建設されたりします。

現時点で世界最大の三峡ダムでは、実に1万8300メガワットもの電力を供給しています（1メガワット＝$10^6$ワット）。

ただし、現在の私たちが使う日常の電力の

ほとんどは、熱機関による動力で発電機を動かして生み出されています。熱機関の燃料には石炭やディーゼルオイル、ガソリンや天然ガス、あるいは間接的には核分裂反応も使われています。エネルギーを、そのようにある形から別の形に変換する際には、「損失」が避けられないので効率がよくありません。熱力学第二法則を避けることはできないからです。

電源事情は国によって異なりますが、世界全体では石炭火力による発電が全体の約４割を占めています。

## エネルギーを運ぶ電磁場

電磁気的なエネルギーは、電線に閉じ込められているわけではありません。空間に電荷（電気を帯びたもの）や磁石があると、周囲の電荷や電流、磁石などに影響を及ぼします。これは、この空間に電場や磁場と呼ばれる「場」ができているからです。光（可視光）に加え、ラジオ波やマイクロ波、赤外放射、非常に波長の短いＸ線やガンマ線などの電磁波を含む、あらゆる電磁気現象を記述している「マクスウェルの方程式」

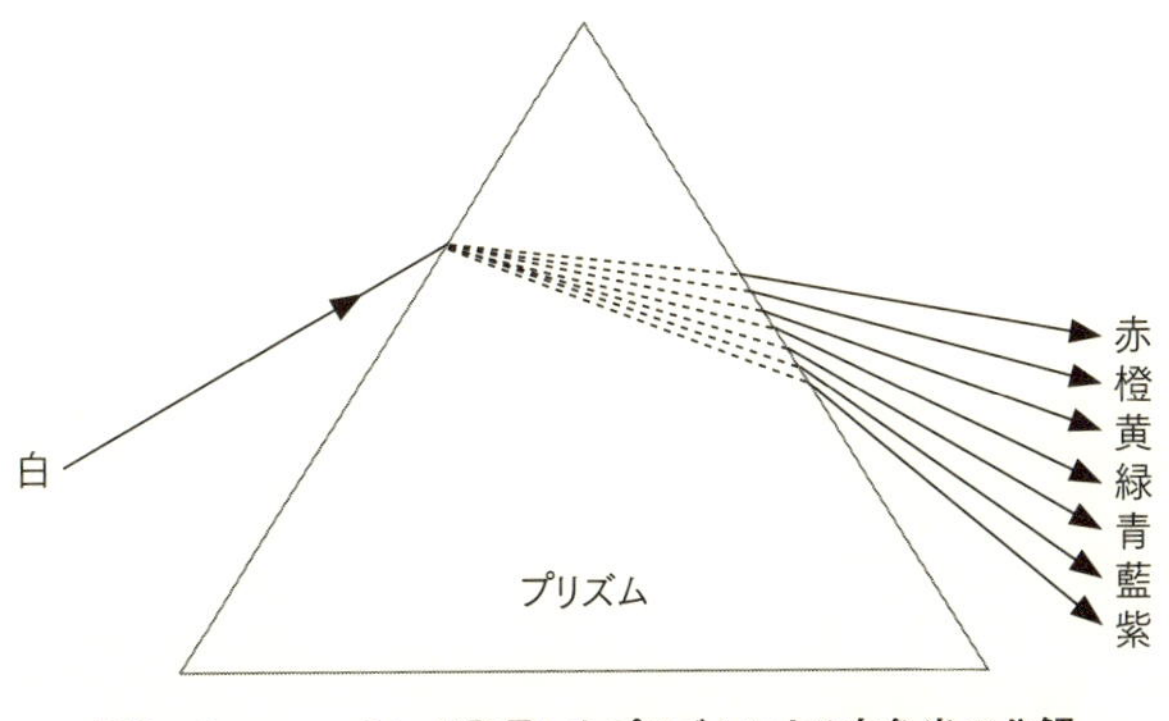


**図2－2　ニュートンが発見したプリズムによる白色光の分解**

によれば、すべての空間における電磁場はエネルギーを伝えます。

電気的な力や磁気的な力、つまり、磁石どうしに働く力、磁石が電流に及ぼす力、電荷や電流がお互いどうしや磁石に及ぼす力などが、「空間の電磁場によって伝達される」と考えたのはファラデーでした。これらはすべて、のちにジェームズ・クラーク・マクスウェル（1831～1879年）によって数学的にまとめられました。

そのマクスウェルの方程式には、やがてハインリッヒ・ヘルツ（1857～1894年）が発見したように、電磁波の放射が含まれていることが明らかになりました。図2－2に示すプリズムを使用した方法によって、ニュートンが日光を分解して発見したさまざまな色は、振動数の異なる電磁場の振動そのものだったのです。

そして、この電磁場がエネルギーを運ぶのです。電磁場が存在するからこそ、光のエネルギーが運ばれてくるのです。エネルギーを運ぶという事実がなければ、電磁場は理論上のものにすぎないといわれたかもしれません。

鏡に光が当たると小さな圧力が生じ、この圧力を加速に利用して機械エネルギーに変換することができます。この効果はごく小さなものにすぎません。しかし、太陽から地球へ、赤外光や紫外光を合わせた光としてたえず流れ込むエネルギーの総量はきわめて大きく、およそ1・75×$10^{17}$ワットもあって、その30パーセントほどは宇宙へ反射されています。

これが、私たちと私たちを取り巻く生物、すなわち、すべての生命がその存在のために利用しているエネルギーのほぼすべてなのです。太陽を温め、生命のもととなる放射を発生するエネルギー源と、それがニュートンがプリズムを通してみたような光の形で届くのはなぜか、ということについてはこのあとの2つの章で確認することにしましょう。

## 光を電流に変える「光電効果」

光のエネルギーは、「光電効果」によって電流に変わります。

19世紀の終わりに、ドイツ人物理学者で、のちに熱烈なナチスの一員になったことでも知られるフィリップ・レーナルト（1862〜1947年）によって発見されたこの現象は、光が金属の表面に当たると電子を放出するというものです。

光の量および色と、出てくる電子の数およびエネルギーとのあいだの、直感に反する奇妙な関係は、アインシュタインによって初めて説明されました。光電効果は、アインシュタインがノーベル賞を授与された研究対象であり、「放射の量子理論」の先駆けとなりました。

彼が光電効果の説明に用いた2つの前提のうち、1つは伝統的なものであり、もう1つはきわめて革新的なものでした。すなわち、前者は「エネルギー保存則」であり、後者は「光のエネルギーは量子化されている」という考えです。第4章で述べるように、電子や光のエネルギーが連続的な量ではなく、とびとびの値しかとらないときに、この単位となるエネルギー量を「エネルギー量子」、あるいは単に「量子」といいます。また、そのようなエネルギーをもつ光を光子と呼びます。

アインシュタインによれば、光のエネルギーはつねに量子（すなわち光子）の形で存在し、そのエネルギーの大きさは「光の振動数」と「プランク定数」の積であるというのです（光の振動数が大きいほど、つまり赤い光より青い光のほうが大きいエネルギーをもっています）。

アインシュタインは、金属の表面に当たったそれぞれの光子は1個の電子を解放し、その解放された電子が電気を伝えると考えました。そうすることで、放出される電子の数が光の強度に比例するわけが説明できます。エネルギー保存則によって、光子のエネルギー、つまり入射光の振動数が増加すればするほど、自由になったそれぞれの電子のエネルギーが増加します。

こんにちでは、この変換——放射された光のエネルギーを電流に変えること——がソーラーパネルとして商業的に利用されています。ＬＥＤは半導体中の電子のエネルギーを光に変えて利用していますが、ソーラーパネルでは、これとは逆に光を当てることで電流が取り出せます。

これは半導体の「光起電力効果」とも呼ばれ、中間状態がなく日光を直接、電流に変換します。個人用には小規模に、また太陽光発電所では大規模にパネルを集積して使用します。

大きな放物型（パラボラ状）の鏡を使って、その焦点上の液体に日光を集めて加熱し、通常の発電所のように熱を機械エネルギーに変える太陽光発電所もあります。「太陽熱発電」とも呼ばれ、ソーラーパネルより設備が安価ですみます。

ただし、明るい日光を長時間得られる低緯度地域であれば、このような熱機関から電力を得る際の効率の悪さを我慢できますが、全体の効率は決して高くありません。一方で、ソーラーパネルの値段は着実に下がりはじめており、電力網のない地域では戸別のソーラーパネルが室内照明やその他の用途に使われています（ソーラーパネルについては、参考図書14が詳しい）。

## 「燃焼」とは何か

日常生活で重要なもう1つのエネルギーは、化学反応——特に「燃焼」と呼ばれる酸素を含む化学反応――で発生する化学エネルギーです。燃焼には、ゆっくりとしたものから非常に速い爆発的なものまであります。

燃焼の理解の歴史には、紆余曲折がありました。

かつては、燃焼には空気は必要なく、「フロギストン」という気体を生成する過程であると長く信じられていました。フロギストン説から初めて脱し、〝ある気体〟の存在が、呼吸と同じように燃焼にも必要であることを不本意ながらも認めたのは、英国の神学者で、化学者でもあったジョセフ・プリーストリー（1733～1804年）でした。

彼はそれを「脱フロギストン空気」と呼び、のちにフランスの化学者、アントワーヌ・ローラン・ラボアジエ（1743～1794年）が「酸素」と名づけました。フランス革命の支持者であったプリーストリーは、英国では評判を落としてアメリカへ移住し、ペンシルバニア州ノーサンバーランドに落ち着きました。一方、革命の犠牲となったラボアジエは、ギロチンの下で人生に幕を下ろすことになりました。

化学反応が熱を発生する基本的な理由は、物質中の分子の「原子を結合させている力」にさまざまな強さがあるからです。例として、水の分子を考えましょう。

水分子の原子を結合させている力は特に強く、ばらばらの原子にするには大きな（機械的な）エネルギーが必要となります。このことは、逆に酸素が水素と結びついて水になるときには、余分の大きなエネルギーが分子の運動、すなわち熱として解放されることを意味しています（そのような反応は「発熱反応」と呼ばれています）。

木や石炭、石油、天然ガスのような炭化水素（炭素と水素の化合物）の多い物質は、分子が激しく運動して衝突するような十分な高温状態で、空気（その21パーセントが酸素）と結合して燃焼します。空気中の酸素原子は、化合物中の水素――それらは、必ずしも水の中の原子ほど強くは結合していない――と結合して水分子をつくり、二酸化炭素を生成するとともに熱を発します。

物質が異なれば、燃焼する温度も、発生する熱も違います。木はゆっくり燃えますが、天然ガスはずっと早く燃え、単位質量あたりで生じる熱も多くなります。二酸化炭素は炭素を含んだ燃料が燃焼する際の、どうしても避けることのできない副産物です。

## 「内燃機関」の登場

化学エネルギーが仕事に転換される際には通常、熱が発生します。この熱は、蒸気機関と同じ方法で機械的エネルギーに転換できます。

もっと直接的には、炭化水素の燃焼による爆発力を制御するように設計された「内燃機関」(一般にエンジンと呼びます)を使います。そのようなエンジンの最初のものは「ガスタービン」で、英国の炭鉱主、ジョン・バーバー(1734~1801年)によって発明されました。

1791年に特許を取得した彼は、それを「馬なしの乗り物」に使うつもりでしたが、その目的では実用化されず、約1世紀後に大洋航海の船舶や航空機のような大量輸送の運航に不可欠のものとなりました。

〝馬なしの乗り物〟を動かすことになったガソリンエンジンは、技師であったエティエンヌ・ルノワール(1822~1900年)によって、1859年に発明されています。それはやがて、ゴットリープ・ダイムラー(1834~1900年)とヴィルヘルム・マイバッハ(1846~1929年)の手によって4ストロークのガソリンエンジンへと改良されました(図2-3)。

のちに、ルドルフ・ディーゼル(1858~1913年)が発明した「ディーゼルエンジン」は、点火のためのスパークを必要としない点でガソリンエンジンとは異なっていまし

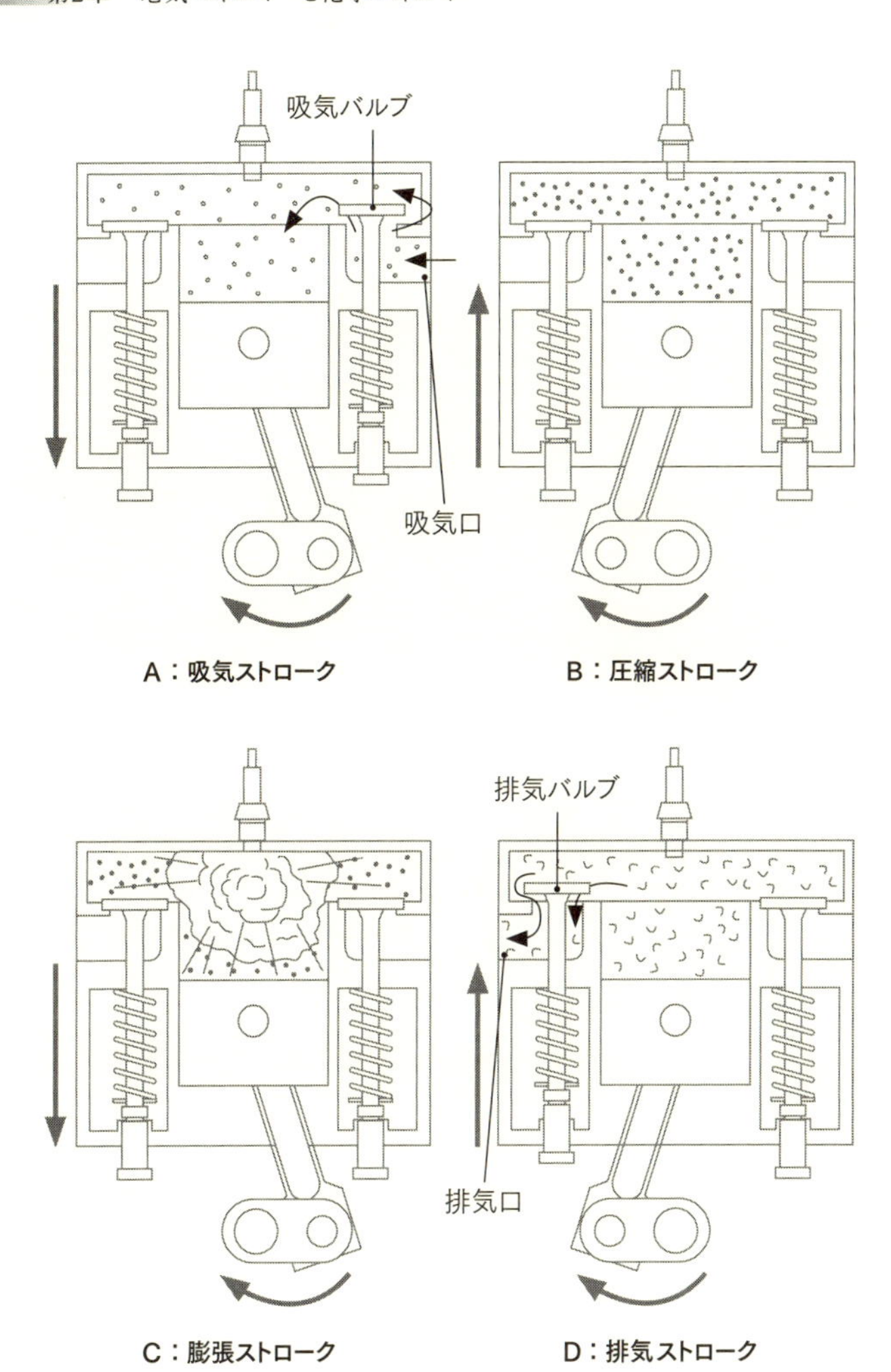


図2−3　4ストロークのガソリンエンジン

た。ガソリンエンジンでは、空気と燃料の混合物をシリンダー内に入れてスパークで点火します。ディーゼルエンジンでは空気が入ると圧縮加熱され、燃料が注入されると自然に発火するのでスパークプラグが不要なのです。

19世紀の終わりには、これらの新型エンジンを使った「自動車」が出現しました。

自動車やトラックが広く普及したことで、日常の生活や社会が便利になる一方、環境にも重大な影響を及ぼすことになりました。先にも指摘したとおり、炭素を含む物質の燃焼では二酸化炭素の排出を避けることができないということが1つ、そして、膨大な数の自動車の利用によって、ガソリンやディーゼルオイルの形の炭化水素が世界中で間違いなく枯渇に向かっていることがもう1つです。

## 光を化学エネルギーに変える光合成

機械エネルギーを直接、化学エネルギーに変換する方法は知られていませんが、光という電気エネルギーを化学エネルギーとして貯蔵する「光合成」という過程は、よく知られています。

それは、式で表現すると、

二酸化炭素＋水＋光→炭水化物＋酸素

となります（炭水化物は、炭素・水素・酸素の化合物）。

光合成は、ほとんどの植物の中で行われているプロセスで、二酸化炭素を減らす一方、酸素を環境に放出します。地球に降り注ぐ太陽の光が文字どおり生命をつくり出し、生命を維持する役割を担っていることを如実に表す現象です。

すべての緑の植物と青緑の藻は、光合成を担う化学物質である「葉緑素」をもっています。すべての動物の生命は、嫌気性以外のバクテリアも含め、生存のために酸素が必要ですから、動物と植物の生命は動物が酸素を消費し、植物が酸素を供給するというサイクルを、太陽からのエネルギーの流入によって維持していることになります。同時に、動物の呼吸によって排出される二酸化炭素を緑の植物が吸収するサイクルも存在します。

本章では、私たちが日常利用している2つのタイプのエネルギーの1つである化学エネルギーが、太陽エネルギーを利用する場合と同様にまず「熱」になり、それから「仕事」になるプロセスを確認しました。決して効率のよい方法とはいえませんが、これが私たちの技術的進展の現状です。

# 第3章
# 核のエネルギー

核のエネルギーの存在が発見されたのは20世紀の半ばにさしかかったころであり、それ以降、原子核は物理学者の強い関心の的になりました。しかしその端緒は、実際には19世紀末の「放射能の発見」にまでさかのぼることができます。

## 原子核の探究

すべては、〝20世紀最大の実験家〟と称されるアーネスト・ラザフォード（1871〜1937年）とともにはじまりました。

ニュージーランドで生まれ育ったラザフォードは、英国のケンブリッジ大学で大学院時代を過ごし、帰国したのは花嫁を迎えに戻ったときだけだったと伝えられています。カナダのマギル大学で初めて職に就き、次いで英国・マンチェスターに戻って研究室を構え、瞬く間に世界的に知られる存在になりました。

その後はケンブリッジに移ってキャベンディッシュ研究所の所長として生涯を過ごし、1908年にはノーベル化学賞を贈られています。「物理学だけが本当の科学であり、あとは切手収集みたいなものだ」と語ったという彼が受賞したのが化学賞だったことは、人生における強烈な皮肉のようなものかもしれません。生家近くの町の名をとってネルソンのラザフォード男爵となった彼は1937年にこの世を去り、ウェストミンスター寺院のアイザック・ニュートン卿の墓所の近くに埋葬されています。

1896年にフランス人物理学者のアンリ・ベクレル（1852～1908年）が、ラジウムが遮光されていた写真乾板を感光させるような光線を発していることを偶然見出したことから、ラザフォードの活躍がはじまりました。

ラジウムおよび、次々に発見された重い放射性元素から放たれる放射線は、計3種類ありました。ラザフォードは、その3種が、①2つの正電荷をもつヘリウムの原子核、②電子、そして③非常に波長の短い電磁波だということを突き止め、それぞれアルファ線、ベータ線、ガンマ線と名づけました。

ラザフォードの最大の発見は、「原子はほとんど空っぽである」という事実を突き止めたことでしょう。彼自身の言葉によれば、「原子はまるで大聖堂の中の一匹のハエのように、中心に正電荷をもつ小さな粒があるだけ」だったのです。さらに驚くべきことには、原子の質量のほとんどをこの小さな粒、すなわち「原子核」が担っているというのです。

ラザフォードは、原子核の構造をさらに探究しつづけ、1918年には、水素の原子核が、どの元素の原子の原子核にも基本的な構成要素（「核子」といいます）であることを確信して「陽子」と呼ぶことを提唱しました。原子核のもう1つの構成要素である「中性子」がジェームズ・チャドウィック（1891〜1974年）によって発見されたのは、ずっと後の1932年のことです。

## エネルギー保存則の崩壊!?

放射線が発見された当時、多くの物理学者たちは「これらの放射線はエネルギー保存則を満たしていない」と考えていました。――原子は、いったいどうやってエネルギーを有する放射線を出しつづけることができるのでしょうか？

ラザフォードが、ある物質の出す放射線がゆっくりと減衰していくことに気づいたときに、その謎は解けました。それぞれの放射性物質に固有の「半減期」という時間が経過すると、放射線の強度は50パーセント弱くなります。つまり、その時点ではもとの物質は半分しか残っておらず、残りの半分は、まるで錬金術のように別の原子になっています。

それらは安定であったり、別の種類の放射性をもっていたりします。放射線を出して原子核が変化することを「崩壊」と呼びます。半減期の長さはさまざまで、1秒に満たないものから何万年というものまで存在します。〝寿命〟の長い元素は、エネルギーを出しつづけているにもかかわらず、まったく減らないようにみえます。

のちに、放射線がエネルギー保存則を満たしていないように思われる別の現象が見つかりました。アルファ線を出す「アルファ崩壊」に関しては事情は簡単で、質量$m$の原子核は$E=mc^2$のエネルギーをもっていて、崩壊後には質量の知られた2つの粒子、すなわち「娘核」と「アルファ粒子」(ヘリウムの原子核)が残ります。エネルギーと運動量の保存則によって、アルファ粒子のエネルギーは厳密に求まります。

一方、ベータ線を出す「ベータ崩壊」の場合にも事情は同じはずですが、放出されるのはアルファ粒子ではなく「電子」です。しかも、精密な実験結果によれば、アルファ崩壊の場合とは違って、他のすべての条件が同じでも、出てくる電子が同じエネルギーをもっているとは限らないのです。〝原子の量子論の父〟といわれるニールス・ボーア(1885〜1962年)でさえ、聖なるエネルギー保存則を捨てようとしたほどでした。

## ニュートリノの登場

しかし、電子の「スピン」という奇妙な性質を発見した若き天才、ウォルフガング・パウリ（1900～1958年）は別の考えを示しました。つまり、ベータ崩壊をする原子核は電子だけではなく、それまでには知られていなかった「電気的には中性で、質量のない（あるいは質量のきわめて小さい）粒子」を放出しているというのです。

この未発見の新しい粒子に、〝小さい中性のもの〟という意味の「ニュートリノ」という名前をつけたのは、イタリアのエンリコ・フェルミ（1901～1954年）でした。放出された電子のエネルギーは、捨てられるニュートリノのエネルギーに応じて違ってきます。ニュートリノは電気的に中性で、他の粒子とは非常に弱くしか相互作用をしないため、その発見には時間がかかりましたが、ついに見つかったことでパウリの正しさが証明されました。

それは同時に、エネルギー保存則が守られた瞬間でもあったのです。

## ダーウィンの学説に科学性を与えたエネルギー

地球の内部でも、放射性元素は運動エネルギーをもった粒子を放出します。そして、その粒子は周囲の物質に衝突して熱を発生し、地球を温めています。

この地球の奥深くの熱源は「地熱エネルギー」と呼ばれ、火山や温泉によって地表へと運ばれます。この地熱エネルギーは、古代から床の暖房や温水浴に使われてきました。こんにちでは、発電に利用されています。カリフォルニア州の広大なガイザーズ地熱発電所がその一例です（訳註　大分県の九州電力八丁原発電所は日本最大の地熱発電所で、その出力は11万キロワットです）。

地球内部で新たに発見されたこの熱源は、ダーウィンの進化論というまったく無関係の科学に意外な影響をもたらしました。名高い物理学者であったケルビン卿ことウィリアム・トムソン（1824〜1907年）は、放射能の発見までは、地球の年齢を、熱くて溶けた状態からの冷却速度から計算して1億年程度、多く見積もっても4億年以上ではないと考えていました。

しかし、ダーウィンの進化論によれば、ホモ・サピエンスが出現するには約35億年が必要だと提唱されており、その地球の推定年齢では短すぎたのです。実際、このことが進化論に反対する科学的な理由であるとまじめに考えられていました。

放射能の発見は、従来の地球年齢の推定値を劇的に変えてしまうものでした。地球内部の放射性元素の崩壊による発熱によって、冷却の速度が遅くなっていたことが判明したからです。現在では、地球の年齢は45億年程度であると考えられており、ダーウィンの自然淘汰による進化を成し遂げるのにも十分すぎるほどの時間です。

放射能の発見によって、核のエネルギーの重要性が初めて明らかになりました。実用的な見地からは、「核分裂」と「核融合」という2つの異なる形式が有力なものであることもわかりました。

## 「核分裂」の発見

それまで存在を知られていなかった新たなエネルギーである核のエネルギーの源は、ある種の重い原子の原子核は不安定で、より軽い原子核へと壊れやすいという性質にあります。

2人のドイツ人化学者、オットー・ハーン（1879〜1968年）とフリッツ・シュトラスマン（1902〜1980年）は1938年、ウランに遅い中性子をぶつけることで、ウランより重い元素（「超ウラン元素」と呼ばれ、自然界には存在しません）をつくろうとしていて、偶然にこの現象を見つけました。

「ニュートリノ」の名づけ親であるイタリア人、エンリコ・フェルミは、ある元素の放射性同位元素を人工的につくるには、速い中性子よりもエネルギーの低い遅い中性子のほうが原子核の引力を受けやすいので有効であるということに、1934年に気づいていました。ハーンとシュトラスマンが実験に使った中性子は、ベリリウムにアルファ粒子を打ち込んで$^{12}$Cと中性子を発生させて得たものでした。

元素記号の左肩の数字は、その元素の「質量数」（原子核の中の陽子と中性子の数を合計したもの）を示しています。元素には異なる質量数をもつ「同位元素」があり、元素とその同位元素は、陽子の数は同じですが、中性子の数が異なります。たとえば、炭素には$^{12}$C、$^{13}$C、$^{14}$Cの3種類の同位元素が天然に存在します。

ふしぎなことに、そしてハーンとシュトラスマンの2人の実験家が驚いたことに、実際に得られたのはずっと軽い元素のバリウムでした。その奇妙な結果を、彼らの長年にわたる共同研究者であり、ユダヤ人であるためにナチスドイツから逃れなければならなかったリーゼ・マイトナー（1878〜1968年）に手紙で知らせたとき、彼女とその甥のオットー・フリッシュ（1904〜1979年）はすぐにその意味を理解しました。

中性子を打ち込まれたことによってできたウランの同位元素の原子核は、化学者であるハーンとシュトラスマンがそれまでにみたことも考えたこともなかった「核分裂」を起こしたのでした。超ウラン元素は、のちになって20以上も発見されることになります。ウランは周期表の92番で、超ウラン元素の最も軽いものは93番のネプツニウム、次が94番のプルトニウムです。

## 「原子炉」の誕生

自然界に埋蔵するウランのほとんどは$^{238}$Uで、ウラン全体のわずか0・7パーセントが同位元素の$^{235}$Uです。

遅い中性子が、この同位元素$^{235}$Uの原子核と衝突すると、その原子核は中性子を吸収します。新しくできた原子核$^{236}$Uは不安定で、質量数が100程度と133程度の2つの原子核と、2個か3個の遅い中性子に核分裂し、ある種の電磁波を放出します。

核分裂を起こす別の元素であるプルトニウム$^{239}$Puは自然界には存在しませんが、$^{238}$Uに中性子を打ち込むことによって生成されます。中性子はまず$^{239}$Uをつくり出し、それがベータ崩壊して$^{239}$Npに、さらにベータ崩壊して$^{239}$Puになります。

$^{235}$Uや$^{239}$Puの分裂で2つの原子核ができる際、分裂でできた原子核と出てきた中性子の質量の合計は最初の$^{235}$Uの原子核と入射中性子の質量の和よりわずかに小さくなっています。このわずかな質量の差が、アインシュタインの式$E=mc^2$によって放射と運動エネルギーに変換されて解放されます。

1個の中性子が1個の$^{235}$U原子核に衝突して分裂を起こすと、1個以上の遅い中性子を解放します。次にその中性子が別の$^{235}$Uの分裂を引き起こして、結果として雪だるま式に次々と分裂を起こす「連鎖反応」になることがきわめて重要なのです。

もし、十分な量の$^{235}$U（最低限の量を「臨界質量」といいます）が十分に近いところにあって、発生した遅い中性子が逃げたりせず、また衝突によって熱を発生して膨張し他の$^{235}$Uが届かなくなったりしなければ、猛烈な爆発が起こるはずです。個々の分裂で解放されるエネルギーは小さくても、原子の数は非常に多いため、その爆発は通常の火薬による爆発よりはるかに大きくなり得るのです。

ヒトラーのドイツが核分裂を発見したことを知ったとき、世界中の物理学者たちが恐怖に震えたのはこの事実のためでした。大気中にはつねにわずかな中性子が存在するため、臨界質量を少しでも超える量が1ヵ所に集まった場合には、ただちに爆発を起こします。ですから爆発全体の威力には上限がありますが、核分裂による爆発の力は莫大なものになります。したがって、$^{235}$Uの取り扱いには十分な注意が必要です。

核分裂の際に出てくる中性子の大部分を適当な〝吸収材〟に吸い込ませれば、連鎖反応を止めることができます。このような核分裂の装置を初期にはパイルと呼んでいましたが、今では「原子炉」と呼び、一般的な熱機関のように、仕事に利用できる熱を産出しています。

このような原子炉は、ファシズムのイタリアから逃れて米国へ移住していたエンリコ・フェルミの指揮のもと、1942年にシカゴ大学で初めての運転に成功しました。入射中性子の減速には炭素を使い、爆発を避けるための吸収材にはカドミウムを塗った棒を用いました。戦争中にドイツの原子核研究を率いていたウェルナー・ハイゼンベルグ(190

1～1976年）は同じことを試みていましたが、うまくいきませんでした。

原子炉中の$^{235}$Uを、$^{238}$Uで取り囲んだり混ぜたりすることで連鎖反応を制御すれば、出てくる中性子によって$^{238}$Uの一部を$^{239}$Puに変換することができます。大量の$^{238}$Uを原子炉に混入することによって、消費した以上の核分裂材料をつくり出すことができるため、「増殖炉」と呼ばれています。

多くの化学的な燃焼とは異なり、核のエネルギーは二酸化炭素を出すことはありません。一方で、核分裂による産出物の中には、長い半減期の放射能をもつ放射性物質が含まれます。言い換えれば、原子炉は長年にわたって放射能をもちつづける大量の廃棄物（放射性廃棄物）を、つねに産出している場でもあるのです。

## 核融合

核反応によってエネルギーを解放するもう1つの方法は、核融合と呼ばれています。陽子（水素の原子核）と中性子を近づけて、原子核内で短距離に働く「強い引力」が有効になるようにすると、これら2つの粒子が結合して「重水素（デューテリウム）」（$^{2}$H）

と呼ばれる水素の同位元素の原子核になります。「重陽子」と呼ばれるこの原子核の質量は、もとの陽子と中性子の質量の和よりわずかに小さいため、その質量の差がアインシュタインの式（$E=mc^2$）によって運動エネルギーへと転換され、そのエネルギーを取り出すことができるのです。

第4章で述べるように、これが、中性子自体はベータ崩壊を起こしやすいにもかかわらず、重水素の原子核が安定な理由でもあります。崩壊による生成物は、重水素より多くの静止エネルギーをもつのです。小さな違いはありますが、周期表に含まれるすべての安定な原子核について同じことがいえます。

さらに、中性子を重陽子に十分に近づければ、ふたたび同じことが起こってもう1つの水素の同位元素である「三重水素（トリチウム）」（$^3H$）の原子核、すなわち「三重陽子」ができます。2つの重陽子が衝突すると三重陽子と陽子、あるいはヘリウムの同位元素である$^3He$と中性子になります。

このような、軽い原子核の核融合の過程で放出されるエネルギーは、個々の核分裂によるものよりも小さいのですが、その総量は核融合に利用できる原料の量だけで決まるため、原理的には無限です。

## 核融合では連鎖反応は起こらない

核分裂反応とは対照的に、核融合反応では雪だるま式の連鎖反応は起こりませんが、最初に粒子が大きな運動エネルギーをもって、お互いに十分に近づくことが必要です。そのためには、粒子を非常に高温にするか、あるいは爆発によって人工的に実現するしかありません。

「熱核反応」と呼ばれる前者のような手段は、太陽や星を輝かせているエネルギー過程そのものです。後者は水爆で採用された技術で、そこで使われた〝引き金〟は核分裂による爆発でした。

制御された核融合によって機械的、あるいは電気的なエネルギーを取り出すことは、実用上きわめて有益です。燃料はいくらでもありますし、二酸化炭素も大量の放射性廃棄物も放出しないからです。水から、必要なだけの重水素を得るにはエネルギーが必要ですが、核融合によってつくり出されるエネルギーは、それをはるかに上回ります。

何より、核融合炉は、核分裂炉における連鎖反応の暴走による爆発のような危険にさらされることはありません。ただし、1億度を超えるような超高温と、それによる超高圧を制御する技術はいまだ確立していないので、核融合炉は〝未来の技術〟といわざるをえません。

核融合も核分裂も、運動エネルギーを取り出す基本となる原理は、実は化学的な燃焼によるものと同じです。つまり、最終生成物は粒子——核分裂の場合はより軽い原子核、核融合の場合はアルファ粒子のようなより重い原子核、燃焼であれば水分子——で、それらは、強く結合することによって余分のエネルギーを運動エネルギーとして放出します。結合が強いほど、結合の際に放出されるエネルギーは大きくなります。

原子核の場合には測定できるほどの質量の差になるので、燃焼の場合よりははるかに大きな運動エネルギーが取り出せます。一方、水分子と、それを酸素原子と水素原子に分けたときの質量の差は、測定できるほどにはなりません。

すでに述べたように、地球上で利用しているすべてのエネルギー源の中で、核によるエネルギーこそが「太陽の燃料」です。地球上で暮らす私たちにとってもきわめて重要なこのプロセスを、もう少し詳しくみてみましょう。

## 太陽を輝かせているものは？

太陽は、この宇宙にすでに何十億年も存在しつづけていて、その熱と光のごく一部が地球に降り注ぎ、この惑星の誕生以来、私たち人間をはじめとするすべての生命を支えてきました。原子核物理学が発展して初めて、私たちに最も近いこの恒星が無償で送りつづけてくれている莫大なエネルギーの起源を理解することができるようになったのです。

太陽内部の温度は約1600万Kで、先に紹介した熱核反応を起こすためには十分な高温を保っています。Kは「絶対温度」、あるいは「ケルビン温度」と呼ばれる温度の単位で、〝絶対温度〟という概念の一般化に貢献のあったケルビン卿（73ページ参照）にちなんで、記号Kを使っています。セ氏と同じ目盛りの温度刻みですが、0K（ゼロ）はセ氏マイナス273・16度で、熱力学における最低温度です。

ドイツの物理学者、ハンス・アルブレヒト・ベーテ（1906〜2005年）とカール・フリードリヒ・フォン・ヴァイツゼッカー（1912〜2007年）は、太陽の熱の起源として「CNOサイクル」として知られる反応を提案しました。このサイクルの核融合は、次のような順序で進みます。

ステップ1　陽子が$^{12}$C原子核に衝突・融合して$^{13}$Nになり、ガンマ線を出す。
ステップ2　放射性の$^{13}$Nが、陽電子とニュートリノを放出して$^{13}$Cに崩壊する。
ステップ3　$^{13}$Cは陽子と衝突してガンマ線を出し、$^{14}$Nになる。
ステップ4　$^{14}$Nは陽子と衝突して酸素の放射性同位元素である$^{15}$Oになり、ガンマ線を出す。
ステップ5　$^{15}$Oは陽電子とニュートリノを出して$^{15}$Nに崩壊する。
ステップ6　$^{15}$Nは陽子と衝突して、$^{12}$Cとアルファ粒子に分裂する。

$^{12}$Cは普通の炭素で質量数が12、$^{13}$Nは窒素の放射性同位元素です。$^{13}$Nと$^{15}$Oの放射能はよくわかっていて、前者の半減期は10分よりやや短く、後者のそれは約2分です。どちらも通常の放射性元素とは異なり、電子ではなく「陽電子」（電子と同じ質量で、正の同じ大きさの電荷をもつ）を放出します。

このサイクルは、$^{12}$Cの原子核に戻って終了します。炭素の原子核$^{12}$Cは、触媒のような作

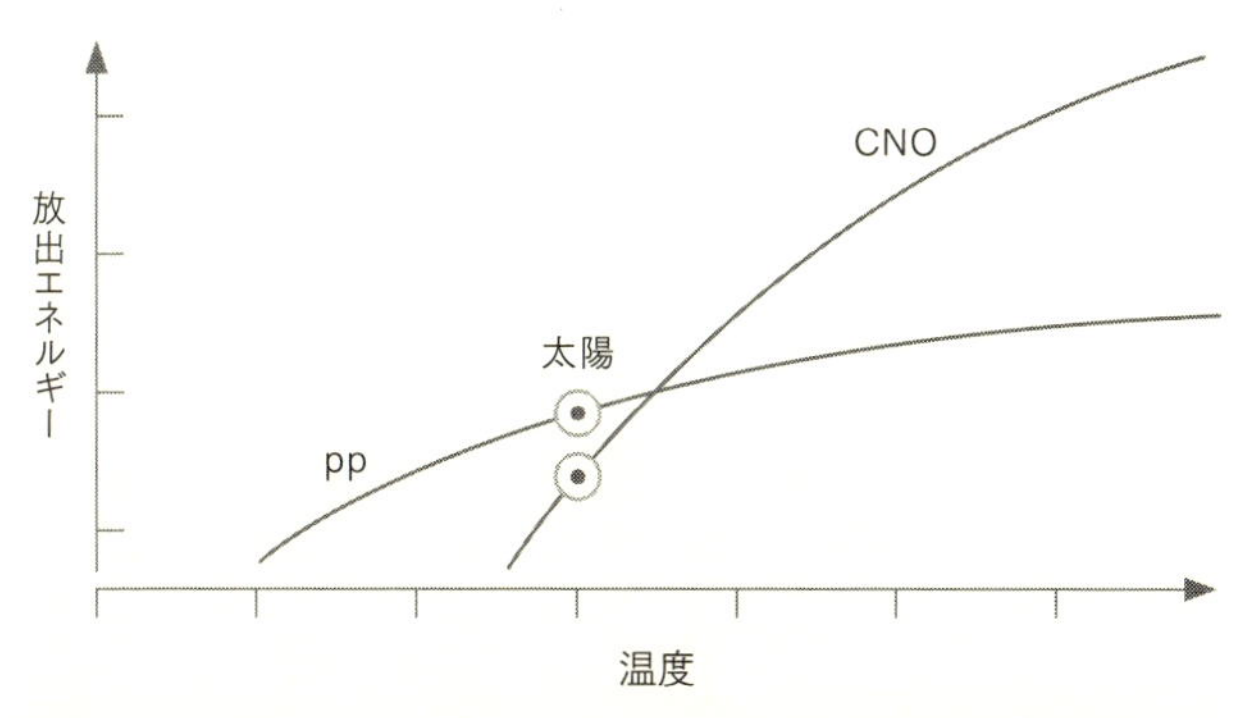


**図3－1　ppチェインとCNOサイクルのエネルギー発生率（の対数）の温度依存性**　CNOサイクルが優勢になる温度は約$2\times10^7$K以上

用をするだけで消費されるわけではなく、結局4つの陽子が融合して1個のアルファ粒子を生成しています。アルファ粒子の中の4個の核子（2個の陽子と2個の中性子）は非常に強く結合するため、この核融合はきわめて大きなエネルギーを発生します。

太陽の内部は十分高温なので、「ppチェイン」と呼ばれるもう1つの核融合サイクルを実現することもできます。ppチェインとは、2つの陽子（プロトン）の連鎖反応という意味です。これはハンス・ベーテによって提案されたもので、3ステップから成り、最初のステップで2つの陽子が融合して重陽子となり、陽電子とニュートリノを放出します。

次に、重陽子が別の陽子と融合して$^3$Heになり、ガンマ線を出します。3番めのステップで、2つの$^3$Heが1個のアルファ粒子に融合して2個の陽子を出します。この場合も、4個の陽子が最終的に1個のアルファ粒子になって運動エネルギー、つまり熱とガンマ線とニュートリノを産出します。

CNOサイクルとppチェイン、2つのサイクルのどちらが主に生じるかは、図3－1に示すように温度によって決まります。

## 太陽ニュートリノの謎

放射の中で、陽電子もガンマ線も他の粒子と衝突して相互作用をするため、太陽内部からいい逃げ出すことはできません。ニュートリノだけが、他の何とも相互作用をしないので、太陽のコア（中心核）でさえも、ニュートリノにしてみればいわば〝透明〟であり、外へ出ることができます。

その結果、CNOサイクルのステップ2とステップ5、ppチェインの最初のステップで発生するニュートリノは、太陽外へ逃げ出すことができ、その一部は地球に到達します。これらは「太陽ニュートリノ」と呼ばれますが、太陽ニュートリノが実際に検証されるまでには長い時間がかかりました。透過性が非常に高いので検出が難しかったからです。到達すると考えられるニュートリノの量の3分の1しか見つからない「太陽ニュートリノの謎」のために、なおさら遅れた側面もあります。

2003年に新しく展開された理論によれば、ニュートリノには3種類あって、核反応で生成されたある種のニュートリノは長距離を飛行するあいだに別種のニュートリノに変化したり、ふたたび元に戻ったりを繰り返しています。この変化のようすを「ニュートリノ振動」と呼んでいます。太陽から放射されるニュートリノのうち、ある種類のものだけを地球上で検出しているために、太陽ニュートリノから予想される数よりも減少したのです。

この新理論によって謎は解かれ、太陽ニュートリノのエネルギー分布の観測結果は、ベーテ－ヴァイツゼッカーのCNOサイクルとベーテのppチェインによるものと一致し、両サイクルによる核反応の連鎖が、太陽の加熱に主に寄与していることが確認されました。太陽の熱と電磁エネルギーのおよそ1パーセントがCNOサイクルで発生し、残りの99パーセントはppチェインによっています。

太陽と他の恒星の内部で起きていることの理解に大いに貢献したハンス・アルブレヒト・ベーテは、1906年に当時はドイツであったシュトラスブルグで生まれ、フランクフルトとミュンヘンの大学で学び、ケンブリッジでローマのエンリコ・フェルミとともに博士研究員として仕事をしました。

1920年代後半に固体物理学の基礎となる重要な仕事をしたのち、母親がユダヤ人であったことからナチスが台頭してきたドイツを離れる決断をしました。まずは英国のマンチェスターに、次いでブリストルに移り、1935年にはアメリカに渡ってコーネル大学に勤め、量子電磁力学と核物理学の研究をしながら残りの人生をそこで過ごしました。

第二次世界大戦中のベーテは、ロスアラモスのマンハッタン計画に理論部門の長として参加しています。戦後の核政策についても活発に活動し、平和的解決を志向した彼の姿勢は、物理学者からも思想家からも広く尊敬を集めました。他の多くの賞とともに、1967年のノーベル物理学賞を贈られたハンス・ベーテは、最後まで宇宙物理学を中心に研究をつづけ、2005年に98歳でニューヨーク州のイサカで生涯を終えています（参考図書2）。

## 星のエネルギー

広大な宇宙には、太陽よりも高温だと考えられている星々があり、その内部では次のような熱核反応が起こっています。「ppIIチェイン」、あるいは「リチウム燃焼」と呼ばれる反応で、その中間物質はリチウムとベリリウムです。

ステップ1　$^{3}\text{He}$と$^{4}\text{He}$が融合して、$^{7}\text{Be}$（陽子4個を含む）とガンマ線を出す。
ステップ2　$^{7}\text{Be}$と電子から、$^{7}\text{Li}$（陽子3個を含む）とニュートリノが生じる。
ステップ3　最終的に$^{7}\text{Li}$は陽子と結合し、2個のアルファ粒子（$^{4}\text{He}$）ができる。

ppIIチェインの過程には、1400万K以上の温度が必要です。このチェインのステップ2では、陽子と電子が中性子とニュートリノに変化します。この過程は、中性子のベータ崩壊のちょうど逆で、第4章で詳述します。

「ppIIIチェイン」と呼ばれるもう1つの反応は、ppIIチェインのステップ1でできたベリリウムからはじまります。ベリリウムが陽子と衝突して捕獲し、ホウ素の不安定な同位元素$^{8}\text{B}$になってガンマ線を放出します。

$^{8}\text{B}$原子核は$^{8}\text{Be}$と陽電子とニュートリノに崩壊し、$^{8}\text{Be}$の原子核は2つのアルファ粒子に崩

壊します（$^{8}$B原子核の陽子が、中性子、陽電子、ニュートリノに変化します）。このサイクルには、ppⅡチェインよりもさらに高温の2300万K以上が必要です。

ただし、「超新星爆発」として観測される星のエネルギー源は、ここで説明したような核反応ではありません。太陽の質量の0・07倍から10倍程度の星の進化の終焉は「白色矮星」と呼ばれます。白色矮星は非常に密度が高いため、電子は原子の軌道を回る余地がなく、原子の形ではもはや存在できません。

そのような白色矮星が近くに仲間を見つけると、引き寄せて飲み込んでしまい、「チャンドラセカール限界」と呼ばれる、太陽の質量の1・4倍より大きくなります。星のサイズがチャンドラセカール限界を超えると、内側からの強力な重力によって崩壊するしかなく、やがて超新星爆発を起こして、非常に高密度の「中性子星」となるのです。中性子星は太陽より少し質量が大きい程度ですが、直径はわずか10キロメートルほどしかありません。

チャンドラセカール限界にその名を残すスブラマニアン・チャンドラセカール（1910〜1995年）は、インド生まれのアメリカの天体物理学者で、星の進化と構造の研究への貢献により、1983年にノーベル物理学賞を受賞しています（参考図書4）。

本章で紹介したppチェインとCNOサイクルという2つの熱核反応は、何億年にもわたって太陽を高温に保つのに十分な運動エネルギーを供給してきました。しかし、なぜ多くのエネルギーを可視光、つまり虹の色として私たちがみることのできるような範囲の波長の電磁波や、より波長の短い紫外線、波長の長い赤外線の形で照射しているのかは依然として疑問です。

この答えを知るために、次の章で量子論の世界を訪ねてみることにしましょう。

第4章

# 量子力学のエネルギー

物理の世界に革命をもたらした量子力学は、ニールス・ボーアとアルバート・アインシュタインによって先鞭がつけられ、1920年代にウェルナー・ハイゼンベルグ、エルヴィン・シュレーディンガー（1887～1961年）、マックス・ボルン（1882～1970年）、そしてポール・ディラック（1902～1984年）らによって一貫した理論に組み立てられました。

量子力学によれば、極微の系においては、エネルギーは日常の世界とは違った姿をみせます。そのはじまりはこうでした。

アーネスト・ラザフォードは、実験を通して原子の中心には正の電荷をもった小さな原子核があり、原子の質量のほとんどが原子核に集中していることを発見しました。彼は、原子は小さな太陽系であり、あたかも太陽の周りを回る惑星のように、非常に軽くて負の電荷をもつ電子が正の電荷をもつ原子核を周回しているという原子模型を考えました。

惑星と太陽のあいだの万有引力は、正負の電荷のあいだにつねに働く引力（クーロン引力といいます）に置き換えられます。問題は、電磁気学のマクスウェルの法則によれば、そのような系は長続きしない、つまり原子核の周りを回っている電子は電磁波を出しつづけ、徐々にエネルギーを失って中心に向かって落ちていくということでした。

原子の内部は、中心にある小さな原子核以外はほとんど空っぽであるという、自身による衝撃的な実験結果からは、ラザフォードの原子模型の基本的なアイデアは妥当なものです。しかし、この原子模型が描き出す原子像を理解するには、古典物理学に思い切った変更を加えなければなりませんでした。

## エネルギー状態が限定された電子

1913年、若きデンマーク人物理学者のニールス・ボーアは、回っている電子のエネルギーはとびとびの値に限られているという斬新なアイデアを提起しました。量子力学的なエネルギーの値と、それをもつ状態を「準位」といいます。ボーアの仮説によれば、電子はマクスウェルの法則には従わず、放射をしませんが、最低エネルギーの準位（「基底状態」といいます）より高い準位（「励起状態」と呼びます）にいる電子は、より低い準位に移ることができ、2つの準位の差に等しいエネルギーが電磁波として放射されます。また、その振動数は、エネルギー差をプランク定数で割ったものに等しいというのです。

58ページでも登場したプランク定数は、ボーアの仮説が提唱される十数年前に、マックス・プランクが「黒体放射」のエネルギー分布を説明するために考え出したものです。黒体放射とは、入射する電磁波をすべて完全に吸収できる物体が、その温度に応じた振動数分布をもつ光を放射する現象を指します。

これらのアイデアに筋の通った根拠などは存在せず、実験結果を理解しようとするボーアの、素晴らしいひらめき以外の何物でもありませんでした。アインシュタインは、ボーアの原子模型が提示される7年前に、すべての電磁放射は「量子」でできていて、そのエネルギーは放射の振動数とプランク定数の積に等しいというアイデアをすでに出していました。ボーアは、のちになって確信をもつにいたったものの、その時点ではまだ、十分な自信を抱いていませんでした。

## 量子力学の守護神

当時、マンチェスターのラザフォード研究室の助手として働いていたニールス・ボーアは1885年、コペンハーゲンで生を受けました。彼の父は、コペンハーゲン大学の生理学の教授でした。

金属中の電子のふるまいに関する論文で学位を得たのち、ケンブリッジで博士研究員になったボーアでしたが、ケンブリッジの雰囲気になじむことができず、1912年にはマンチェスターに居を移しています。そこでは、ラザフォードがちょうど原子核を発見したばかりでした。

コペンハーゲン大学の物理学の教授に迎えられるまでの4年間、結婚のためにコペンハーゲンに戻ったときを除いて、ボーアはマンチェスターに滞在しました。その間に、ボーアの原子模型の革新的な内容は、古典理論とは相容れないにもかかわらず、新しい実験結果の正確な予測と説明に成功したことで、彼は名声を得ることになりました。

ボーアの提示したモデルは、元素の周期表さえも説明することができそうでした。この高名な市民を誇りとしたデンマーク政府は1921年、理論物理学研究所を創設して彼を所長に迎えます。その1年後、ボーアはノーベル物理学賞を受賞しました。

彼には6人の息子がいましたが、長男は16歳のときに父親のみている前でボートの事故により夭逝しています。別の息子・オーゲは、自身も物理学のノーベル賞学者になりました。ニールス・ボーアは1962年に死去するまで理論物理学研究所で研究をつづけ、同研究所には世界中から物理学者が集まりました。

彼の最も尊敬するアルバート・アインシュタインによるものをはじめとして、量子力学には多くの批判が浴びせられましたが、大御所ボーアは、それらの批判から量子力学を守り抜きました。ときとして頑固な彼の発言を、すべての物理学者が受け入れたわけではありませんでしたが、量子力学の示す奇妙な結果に関する彼の思索には、大きな影響力がありました。

## 量子電磁力学の威力

「量子力学」と呼ばれる新理論構築の現場には、ドイツ・ゲッチンゲンのハイゼンベルグとマックス・ボルン、スイス・チューリッヒのオーストリア人、シュレーディンガー、英国・ケンブリッジのディラックらが顔をそろえていました。

彼らの仕事にプランク、アインシュタイン、ボーアの着想を取り入れると、古典的なニュートン力学とマクスウェルの電磁気学に対応する新しい体系ができあがります。ただし、量子力学は、現実の世界とそのふるまいを直接は記述せずに、抽象的な数学によって記述する点でそのどちらともまったく異なっています。

古典的な理論は、現在の状態をもとに粒子の未来の動きを正確に予測することができますが、量子力学は粒子の未来について起こりうることの「確率」を教えてくれるだけです。この革新的な理論のもつ意味は広く深く、確率という言葉から連想される「自然がサイコロを振っているようだ」というよく知られたイメージだけにとどまってはいません。

量子力学はマクスウェルの電磁気学とあわせて一般化され、「量子電磁力学（QED）」(Quantum Electrodynamics) と呼ばれています。QEDによれば、エネルギーのきわめて正確な予測が可能であって、しかもその結果は古典力学によるものとは異なっています。あとで述べるように、これらの予測は実験や観測によって確認されていて、量子電磁力学の妥当性を疑う余地はありません。

## トンネル効果の怪

量子力学の応用の1つは、前章で紹介した放射能の話、特にヘリウムの原子核が放出される「アルファ崩壊」に関連しています。

前にも述べたように、アルファ粒子の4つの核子は非常に強く結合しています。多くの陽子と中性子を含んだ重い原子核の中にあっても、アルファ粒子はかたまりのようになっていると考えられます。

原子核中のアルファ粒子には、2つの強い力が働いています。1つは、正に帯電した陽子が周囲に存在することによる静電的な反発力で、もう1つは、原子核をまとめるために近くにある核子間だけに働く強い引力です。

2つの力を加えて「ポテンシャルエネルギー」として記述すると、ある幅と高さをもって頂点が丸く、重い原子核の内部を取り囲む障壁になります。運動エネルギーはこの障壁の高さより低いために逃げ出すことができず、古典的にみれば重い原子核は安定です。

しかし、ロシア生まれのアメリカの物理学者、ジョージ・ガモフ（1904〜1968年）は、「トンネル効果」という考えを提示し、単位時間あたりのその確率を計算してみせました。

量子力学によれば、トンネル効果とは、ポテンシャル障壁を超えるだけのエネルギーをもっていない粒子でも、ある確率でその障壁をすりぬけることができるというものです（図4-1）。運動エネルギーが大きければ、原子核の中で高速で運動し、そのエネルギーは障壁の頂上に近くなり、すりぬける確率は大きくなります。

したがって、量子力学を使ってアルファ粒子の1個が障壁を抜け出す確率が2分の1になるまでの時間を計算することができます。これが、アルファ崩壊を起こす原子核の半減期であり、崩壊前のエネルギーが大きいほど、半減期は短くなります。

確率論的なこの新しい理論は、ある特定の原子核の放射性崩壊の時刻を正確に予測することはできませんが、アルファ崩壊する同じ種類の大量の原子核の半分が崩壊するまでの時間は正しく予測できるという、ふしぎな現象をうまく説明できました。この理論は、アルファ崩壊する物質のかたまりから個々のアルファ粒子が放射されるのはきわめて不規則で、時間間隔もでたらめにみえるという観測事実とも一致しています。

一方、ベータ崩壊を理解するに

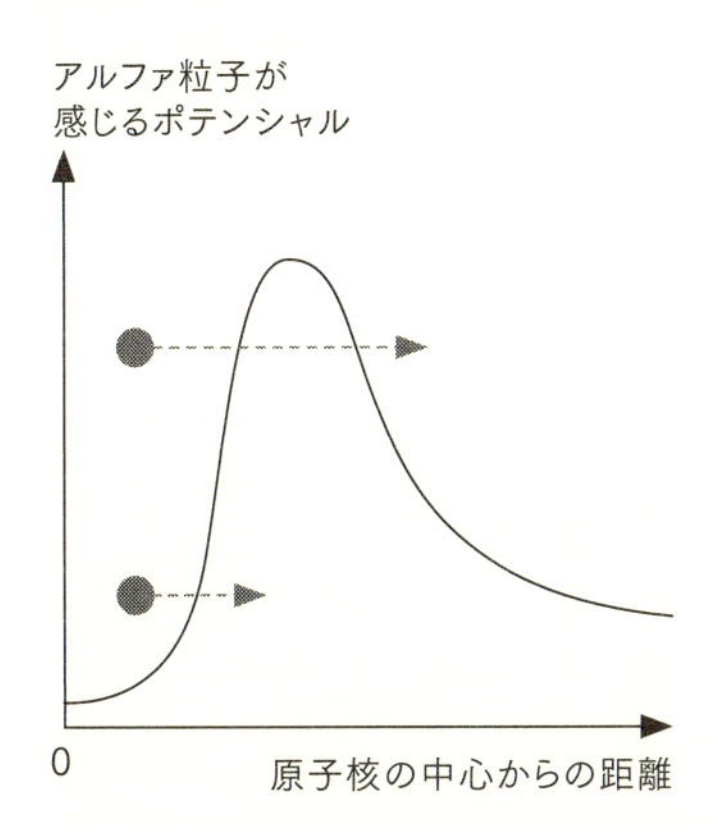


**図4−1　トンネル効果によるアルファ粒子放射**　原子核の中でアルファ粒子が感じるポテンシャルの概形を表したもの。障壁を超えるだけのエネルギーをもっていない粒子でも、トンネル効果によってある確率でその障壁をすり抜けて原子核の外へ出る。

は、もう少し時間が必要でした。その事情は、少しあとで改めてみることにしましょう。

## 元素周期表の合理性を解明

原子の量子力学を創始したニールス・ボーアの革新的な洞察力は、すでに十分に研究されていた理論においても同じように発揮されました。

太陽の周りを回る惑星の万有引力によるポテンシャルエネルギーは、無限の遠方よりも低くなっているため、惑星は周回軌道から逃げ出すことができません。一方で、原子の中の電子は、ラザフォードが描いたように原子核の周りを惑星のように回っていますが、そのエネルギーはこの新しい理論で正確に計算できるきわめて特異なとびとびの値をとっています。

さらに、1個以上の電子をもつ原子では、電子は2個（同じエネルギーの値に対して「スピン」の異なる電子が1個ずつ）より多くは同じエネルギー準位に入れません。これを「パウリの排他律」と呼んでいます。

原子の最外殻の電子は、分子を形成するときには原子間の化学結合をつくり、あらゆる化学反応に関与します。元素の周期表は、物質の化学的な性質だけをもとにドミトリ・メンデレーエフ（1834〜1907年）によってまったく思いつき的につくられたものでしたが、量子力学によるエネルギーの規則を使えば、化学全体の背景になっているこの表を合理的に説明できるのです。

## 「空っぽの真空」にエネルギーを与えるゼロ点エネルギー

エネルギーがとびとびの値しかとらないという奇妙な特性は、原子だけではなく、粒子の結合した物理系でも成り立っています。たとえば、振り子の運動は、古典的には振幅やエネルギーは連続的な広い範囲にあって振動数の決まった振動ですが、量子力学的にはとびとびのエネルギーの無限の組み合わせと考えられます。

この振り子のエネルギーの組には、2つの特徴的な性質が備わっていて、新しく展開された理論でその重要性が明らかになりました。すなわち、①エネルギーの間隔はすべて等しいこと、②振り子が古典的には静止しているときにも、「ゼロ点エネルギー」という、振動数に対して決まった値のエネルギーをもっていることです。

最初の性質は、アインシュタインの光子の存在の説明になると考えられました（これについての詳細は、拙著『*Galileo's Pendulum: From the Rhythm of Time to the Making of Matter*』〈参考図書11〉を参照）。

2番めの性質は、マクスウェルの電磁気学の量子版といえる量子電磁力学（ＱＥＤ）の奇妙な結論の1つを示すことがわかりました。すなわち、すべての電磁放射を振動数の異なる無限に多くの振り子に分解するモデルをつくることができるので、これらの振り子がすべて決まったゼロ点エネルギーをもっているなら、「空っぽの真空」でさえエネルギーをもつことになるのです。

このゼロ点エネルギーの〝無限の足し算〟は、乗り越えがたい困難だと思われていましたが、2人のアメリカ人、ジュリアン・シュウィンガー（1918〜1994年）とリチャード・ファインマン（1918〜1988年）、それに日本の朝永振一郎（1906〜1979年）らの独立した研究によって解決をみました。その結果は、電子の磁性や原子のエネルギー準位の詳細な実験データと10億分の1以下という精度で一致しました。

無限性を取り除くために用いられた「繰り込み」という彼らの方法は、多くの物理学者に美しくないと思われていましたが、その強力な手法を基礎にしたＱＥＤは、これまでに発見された物理の理論の中で最も成功しているとみてよいでしょう。

## 「質量」を「エネルギー」で表す

20世紀の物理学者たちは、マクスウェルの電磁気学だけではなく、同様の別の理論をも一般化した量子論である「量子場の理論」の構築に、長いあいだ努力しました。その目的は、高速の粒子の衝突によって発生するさまざまな「素粒子」の存在を説明することでした。

素粒子は、物質を構成する最小単位です。電子や光子は素粒子ですが、陽子や中性子はそれぞれ3個の素粒子からできていることがわかっています。

新しく出現した分野である「高エネルギー物理学」の研究者たちは、次々に巨大な装置（粒子加速器）を建設して陽子や電子を加速しました。これらのエネルギーを測る単位は、「電子ボルト（eV）」で、電子が1ボルトの電圧の差によって加速されることで得るエネルギーを示しています。

実験に高エネルギーを必要とする理由として、ふたたびアインシュタインの式が登場します。質量$m$の粒子をつくり出すためには、$E=mc^2$の関係から、衝突の運動エネルギーが少なくとも$mc^2$だけ存在しなければならないからです。

当然ながら、より質量の大きな粒子を探すには、より高いエネルギーでの衝突が必要になります。その質量もまた、エネルギーの単位で測ることができ、電子の質量は約0・5メガ電子ボルト、陽子の質量はおよそ1ギガ電子ボルト、すなわち10億電子ボルトです。

新しい量子場の理論の目的は、このようにして新たに見つかった粒子について、精密な量子エネルギーの法則に則って解析することでした。主な道具は、ここでもまたアインシュタインの$E=mc^2$で、もし量子論の規則がとびとびのエネルギーという結果と結びつくならば、アインシュタインの関係式によって新しい粒子の質量が定められることになります。

## もう1つの不確定な関係

量子場の方程式を厳密に解くことは非常に難しかったにもかかわらず、その努力は十分に報われました。きわめて役に立ったのは、方程式が非常に抽象的な「対称性」という規則に従うとすれば、粒子のエネルギーと質量、その他の性質に関する重要な結論を引き出すことができるということでした（詳細は、たとえば拙著『*From Clockwork to Crapshoot: A History of Physics*』〈参考図書12〉、および前掲の『*Galileo's Pendulum*』を参照）。

しかし、本書にとって重要なことは、物理学の理論によって、量子力学的なエネルギーに関する法則から宇宙のすべての粒子の存在が導き出されるという事実です。

原子の話に戻る前に、量子力学のもう1つのふしぎな規則を紹介しておきましょう。ある粒子の「位置と運動量」を同時に、正確に知ることはできないというハイゼンベルグの「不確定性関係」はよく知られています。一方で、量子力学の是非が議論されていた時代には、「エネルギーと時間」に関しても同じような関係が存在することについてはほとんど触れられることがありませんでした。

この両者の関係は、ある系のエネルギーが決まる精度$\Delta E$と、そのエネルギーに留まっている時間の長さ$T$との積は、プランク定数$h$よりも大きくなければならないと述べています。これは、$h/\Delta E$より短い時間$T$のあいだは、聖なるエネルギー保存則が$\Delta E$だけ破れてもよいと言い換えられるかもしれません。

QEDに関係した例を1つ挙げましょう。

QEDによれば、すべての保存則を満たしていれば電磁放射は粒子をつくり出します。たとえば、エネルギー$E$の光子は、もし$E$が$mc^2$の2倍より大きければ、電子-陽電子対をつくります。ここで$m$は電子の質量であり、陽電子の質量も同じです。全電荷がゼロになるために、正負の電荷の対でなければなりません。

しかし、先に述べたエネルギー保存則の緩和によって、光子はエネルギーが不足していても、$h/(2mc^2)$より短いごくわずかの時間だけ「仮想的な粒子」の対をつくり出すことができます。

その際も、電荷の保存則だけは必ず守られなければなりません。真空中の荷電粒子の「存在」に関して、そのような奇妙な〝ゆらぎ〟があるということは、真空さえも何らかの電磁的な性質、物質の分極（全体として中性の物質の中で、正負の電荷の分布がずれること）のようなものを有するということになります。「エネルギーと時間の不確定性」の別の応用は本章の最後で述べます。

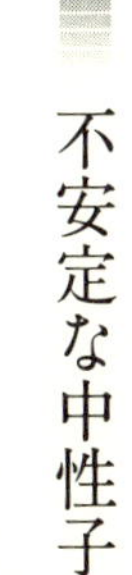

## 不安定な中性子

原子のエネルギー準位の不連続性は、ベータ線とも関係があります。

驚いたことに、原子核の基本的な構成要素である中性子が、実は不安定であることが発見されたのです。中性子は陽子よりもわずかに重く、原子核の外にある（言い換えれば、自由な）中性子は約10分の半減期で陽子、電子とニュートリノ（正確には反ニュートリノ）に崩壊します。いずれも運動エネルギーは小さく、その理由は陽子と電子の和と中性子との質量の差が非常に小さいためです。

それならば、原子核に中性子をもたない水素を除いて、それより重いすべての原子の原子核は放射性なのではないかと疑問に思うかもしれません。世界をこの〝災厄〟から救っているのは、ほとんどの原子核を構成する核子は互いに強く結合していて、それらの原子の静止質量は、中性子のどれかが崩壊したときのすべての粒子のエネルギーの和よりも小さいという事実なのです。

したがって、第3章でみた重陽子の場合と同様、これらの原子核が放射性崩壊を起こすことはありません。

もちろん、自由な中性子の崩壊の問題は依然、残っています。その説明にはまったく新しい理論が必要で、やや難しくて長くなります。

エンリコ・フェルミは、大成功したQEDにならった理論の構築を試みましたが、うまくいきませんでした。量子電磁力学では、基本的な相互作用は2つの粒子、すなわち電子と光子のみを含みますが、ベータ崩壊には中性子か陽子のいずれかに加えて、電子とニュートリノの3つの粒子が関係します。このうちニュートリノが、「弱い相互作用」と呼ばれる非常に近い距離にのみ働く弱い力にしか影響されないというところに、主な困難がありました。

何年かのちに3人の物理学者、ハーバード大学のアメリカ人、シェルドン・グラショウ（1932年～）とスティーヴン・ワインバーグ（1933年～）、ロンドンのインペリアル・カレッジのパキスタン人、アブドゥス・サラム（1926～1996年）が、それぞれ独立に新しい理論の構築に成功し、これを解決しました。

この電磁気学の一般化は「電弱理論」と呼ばれることになりましたが、その詳しい説明は他の書物に譲ります（「電弱理論」の発展の歴史については、たとえば前掲の『*From*

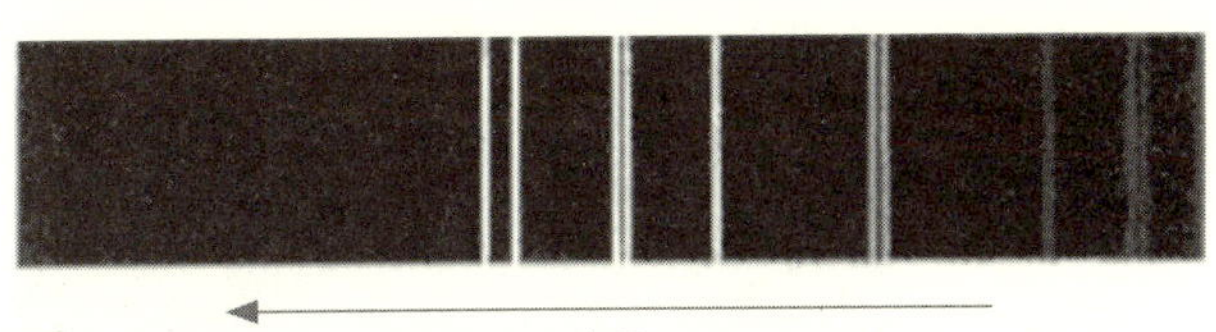


**図4−2　水銀の線スペクトル**

Clockwork to Crapshoot: A History of Physics』を参照）。

## オーロラは何がみえている？

さて、ボーアの「量子的ジャンプ」に話を戻しましょう。

ボーアが最初の理論で仮説を提示したように、エネルギーの低い準位が空いているときには、電子は高い準位から「飛び降りる（ジャンプする）」ことができます。そのときに出す電磁放射の振動数は、2つの準位のエネルギーの差をプランク定数で割ったものに等しいため、すべての元素が放射しうる電磁波（可視光や赤外線、紫外線を含む）の振動数の組み合わせ、つまり「スペクトル」は決まっています。

単位時間あたりにそのようなジャンプの起こる確率は、原則として計算できます。実際に、アインシュタインは新しい理論が知れわたる前に、この確率を計算する正しい方法を見出していました。

では、電子はどうやって高いエネルギーを得るのでしょうか？

それは、原子が、ちょうど必要なエネルギーをもった光子を吸い込んだり、あるいは十分な運動エネルギーをもった別の原子に衝突したりすることで起こります。このようにして高いエネルギーを得ることを「励起される」といいます。

原子が加熱されると運動が激しくなり、衝突によって励起された電子は高い準位にたたき上げられます。やがて、その電子がもとの状態に戻るときに、「線スペクトル」と呼ばれるその原子に特有の電磁波を出します。図4－2は、そのような線スペクトルの一例です。

図4－3　アラスカでみられる北極光（オーロラ）

化学者は長いあいだ、理由を知らずにそのスペクトルに親しんできました。塩の粒をロウソクの火に投げ入れたときに、黄色いナトリウムの光がみえるのはこういうわけだったのです。水銀の蒸気は青色の光を出します。

高緯度地方でみられる北極光（オーロラ、図4－3）は、宇宙と太陽からやってきた荷電粒子が、地球磁場に影響を受けながら地球磁場の極付近に集中し、上空の熱圏の原子と衝突して励起された原子が次々に低いエネルギー状態に移る際に放射するさまざまな線スペクトルがみえているものです。

## 太陽から届く光の謎

ふたたび「エネルギーと時間の不確定性関係」に戻ります。

安定な原子のエネルギー準位は、原則として無限の精度で求められます。しかし、もしある状態が、低い準位が空いている原子における電子のように不安定ならば、ある確率で光子を放射して低い準位に移ります。そのエネルギーは正確には決まらず、プランク定数に放射の確率をかけて得られる「幅」をもっています。

結果として「線スペクトル」は、実際にはシャープなものではなく、ある幅をもつことになります。しかし、この線スペクトルの幅は、たいていの目的には無視してよいほど小さいものです。

いよいよ、なぜ私たちが太陽からのエネルギーを、プリズムを通すとみえるような光の

**図4－4　日食の際に撮影された太陽のコロナ**

形で受け取っているのかを説明するところにたどり着きました。これらの可視光に加えて、見えない紫外線（振動数が高く、したがってエネルギーも高い、透過力の強い「硬い」光子）や温かい赤外線（「柔らかい」光子で、エネルギーは低く、分子を振動させたり熱を出したりはするものの、物質の奥までは侵入できない）もあります。

太陽の表面は、多くの元素でできている「光球」と呼ばれる高温のガスで覆（おお）われていますが、熱核反応を持続できるほど高温ではありません。その原子は、お互いの衝突によって励起され、それぞれの元素はスペクトルを発しています。地球は、これを日光として受け取っているのです。

1868年の日食の際に、太陽の光球の外にあって、通常はみることのできない「コロナ」が観測されました（図4－4参照）。よく知られた多くのスペクトルのほかに、地球では観測されたことのない1つのスペクトルが含まれており、古代ギリシャの太陽の神「ヘリオス」にちなんでヘリウムと名づけられました。

ヘリウムが地上で観測されたのは、それから27年後のことで、それは、元素の周期表中の希ガスの空欄にぴたりとあてはまりました。原子番号2、質量数4のヘリウムは、極低温まで気体であり、沸点は4・2Kです。通常の圧力では固体にならないため、超伝導研究の冷媒として使用されるなど、物理のさまざまなところで重要な役割を果たしています。

太陽から受け取るエネルギーに関する最も重要なことは、もちろん、いつも規則正しく地球の半分がそれを浴びているということです。加えて、そのうちのいくらかは蓄えられていて、私たちはそれを貴重なエネルギー源として取り出す技術を獲得してきました。

エネルギーの貯蔵と輸送については、章を改めてみることにしましょう。

第5章

# エネルギーの貯蔵と輸送

## 「化石燃料」の誕生

第2章でみたように、太陽からたえず受け取っている光のエネルギーの大部分は、化学エネルギーに変わります。あらゆる緑色植物がもつ葉緑素は、光合成によって大量の炭水化物を生産しています。

長い地球の歴史の中で、これら「可燃性の化合物」はどんな変遷を経てきたのでしょうか？　実は、エネルギーの多くは「化石燃料」という形に姿を変えて貯蔵されてきたのです。

何億年も前のあるとき、哺乳類の出現よりずっと以前で、恐竜たちでさえまだ地上を歩き回ってはいなかったころに、それははじまりました。

大気は暖かく、地表のかなりの部分は沼地で、巨大な植物が茂り、地面には葉や枝などが降り積もっていました。枯れ木や枯れ草、緑の葉などが堆積し、何億年ものあいだに泥の底で朽ち果て、泥と水の厚い層に覆われて押しつぶされていきました。

気候や地表面のようすが変化し、大地が動き、しっかりと覆い隠された植物資源には酸素が届かなくなって、腐敗の進行が止まります。その状態のまま、さらに何億年もの時が経過して、あるものは地中深くで、またあるものは地表の近くで、地質の変化によってその多くが黒ずみ、石のように固くなりました。

　こうしてできたのが「石炭」です。もっと近年の生物資源——廃材や間伐材、資源作物などは、何億年も経過していなくてもただちにエネルギーとして利用可能で、これを「バイオマス」と呼んでいます。

## ロンドンと北京の「黒い霧」

家庭での暖房や金属の加工に石炭が使えるという知識は、古代から知られていました。ギリシャ時代の地質学者で、アリストテレスの弟子であったテオプラストス（前371～前287年）が、紀元前4世紀にすでに書き残しています。ローマ人は占領中のブリテン島でも石炭を掘り出し、明王朝の中国では露天や浅い坑道での採掘を行っていました。

16世紀後半から17世紀前半にかけて、イギリスの炭鉱で採掘が開始されると、石炭はレンガや陶器の工場と同じように、家庭でも使われはじめました。アメリカ大陸のアステカ人やアメリカ原住民は、ヨーロッパ人の同大陸の〝発見〟よりはるかに早くから暖房や粘土を焼くことに石炭を利用していました。

17世紀の初めには、征服者たちが石炭の有用性に気づき、やがて主要なエネルギー源として産業革命を推進することになったのです。工場の機械からは一年中、冬には家庭の暖房からも、灰色の煙を吐き出すたくさんの煙突は西洋の都会のシンボルとなり、やがてすべての先進国、そして多くの開発途上国に拡がっていきました。

20世紀になると、ロンドンはつねに数メートル先もみえないほどの「霧」で有名になります。この霧は濃いスモッグで、街中の建造物が黒くなってしまったために、1950年代には清掃が行われ、石炭の使用を減らすことになりました。中国が大々的な工業化を推し進める中で、北京でも同様のことが起こっていますが、いまだ解決していません。

## 石油と天然ガスはどうできたか?

さて、光合成を行うのは、緑色植物だけではありません。青緑の藻や、多くのバクテリア、植物プランクトンも光合成をしています。

恐竜の時代には、海面付近の水は現代よりも温かく、水面近くにはミクロな生命が満ちていました。バクテリアや藻、珪藻などが死んで海底へ沈み、やがて厚い泥の層を形成します。

その一部は地球に温められ、地質構造の変化にともなって、岩石や堆積物の層に閉じ込められました。たえず圧力をかけられてその一部は液体のままやがて石油になり、他の一部は天然ガスになりました。

地球表面のプレートのずれによって地質構造が変化し、海洋と陸地の分布が変わることで、水で覆われていた広大な面積が乾燥地帯に変わることもありました。石油と天然ガスの埋蔵地は、かつてはすべて水の下にありましたが、現在では砂漠や草原など、海から遠いところでも発見されています。

タールのようなアスファルトからガスまでの、重さや揮発性の異なる各種の炭化水素を含んだ石油資源の構成は、地域によって大きく異なり、ある地域では砂が混じっていたりします。

地表近くでみつかるアスファルトは、4000年も前に「バベルの塔」の建設に使われたという記録が残っており、中国の漢王朝においては、2000年前の焼夷弾に使われた

図5－1　地上で石油掘削に使用されるポンプ

と伝えられています（訳註　縄文時代後期の日本でも「接着剤」として天然アスファルトが使用されており、青森県、秋田県、新潟県などの遺跡から、天然アスファルトが付着した矢尻や、アスファルトで補修された土器・土偶が多数出土しています）。

19世紀のポーランドで、石油産業のパイオニアとして知られるイグナツィ・ウカシェヴィチ（1822～1882年）によって、石油から灯油を分留する技術が発明されました。これによって実現した灯油ランプは、鯨油を使った従来のランプに代わり、重要な照明器具になりました。

分留というのは、地中から採掘された原油を、沸点の違いを利用してガソリンや灯油などのさまざまな成分に分離する作業工程です。世界で初めての油井や製油所が建設されたのも当時のポーランドで、いずれもウカシェヴィチの手によるものです。

図5－1に、現在でも地上で石油掘削に使用されているポンプを示します。アメリカやヨーロッパで、石油、特にガソリンを大量に必要としたのは、もちろんガソリンエンジンなどの内燃機関の発明と、それにつづく自動車の開発でした。石油を分留して利用するために、次々と製油所が建設されていきました。

ここまでで説明したように、石炭と石油はいずれも、太陽から地球に届く大量のエネルギーを長期間にわたって貯蔵したものに他なりません。またどちらも、生物による光合成を通じて生成されたものです。すなわち、炭素を基礎とする生命が発達した歴史をもたない惑星や月には、これら化石燃料は存在しません。

つづいて、短いタイムスケールにおけるエネルギーの貯蔵についてみてみましょう。

## 失われるはずの運動エネルギーを有効活用するシステム

運動エネルギーを短い時間貯めておける最も簡単な装置は、「はずみ車」（フライホイール）です。はずみ車は慣性モーメントの大きな重い車で、いったん動きはじめると摩擦によって止まるまで運動エネルギーをもちつづけ、止まった時点で運動エネルギーはすべて熱に変わっています。

初期のガソリンエンジンやディーゼルエンジンでは構造上、回転の運動エネルギーは連続的ではなく、短い間隔をおいて発生していました。そこで、機械的なエネルギーをなめらかに伝達するために、はずみ車に接続されていたのです。

のちには、数個のシリンダーを組み合わせることによって推力はずっとなめらかに伝達されるようになり、はずみ車は不要になりました。エンジン内のシリンダーの数が多い車ほどなめらかに走るのは、そういう理由によります。ディーゼルエンジンで動く大きな機関車や大洋航海の船舶のような重い乗り物は、それ自身に十分な慣性があるため、はずみ車によって動きをなめらかにする必要はありません。

自動車会社は、「運動エネルギー回生システム（KERS）」（Kinetic Energy Recovery System）というものを使いはじめています。KERSは、はずみ車をブレーキに使う方法です。

従来のブレーキのように、運動エネルギーを熱として散逸させる代わりに、KERSははずみ車に一時的にエネルギーを蓄えて、あとで加速するときに使います。ボルボは2013年にKERSを導入ずみで、ホンダやプジョー、メルセデスが同システムをテストして利用することを計画しています。

ボルボが開発したフライホイールKERSは、減速時にブレーキのエネルギーによってはずみ車を毎分最大6万回転させ、再発進の際にそのエネルギーを専用のトランスミッションを介して後輪へ伝達します。同社は、最大で25パーセントの燃費改善になると発表しています。

KERSには、はずみ車式のほかに減速時の余剰エネルギーを電気エネルギーに変換して充電しておく方式もあります。

## ポテンシャルエネルギーを貯蔵する

はずみ車は、運動エネルギーを回転のエネルギーの形で一時的に貯蔵しますが、揚水発電では、エネルギーを重力によるポテンシャルエネルギーの形で蓄えます。この方法は、水力発電所で使われています。

発電所では、滝やダムからの水流をエネルギー源として、電力の使用率の高い期間と低い期間をならすように加減して運転しています。自然の、あるいは人工の大きな貯水池を高いところに別に用意して、利用率の低い時間に余分の電力を使って水を持ち上げ、そこに貯めておきます。

電力の使用量の多い時間帯には、その貯水池からの水流で別のタービンを回します。回生システムとは異なり、揚水発電は使えるエネルギーが熱になって散逸することを防ぐというものではなく、別の時間帯に使用するために、単にエネルギー源をとっておくという方法です。

## 「電気エネルギー↕化学エネルギー」で蓄える電池

最も重要で、実用的なエネルギーの短期間の貯蔵システムは「電池」です。電池にもいろいろありますが、ここでは自動車のバッテリーのような再充電可能なものを考えます。

電池は本来、電気エネルギーを化学エネルギーの形に変換して蓄え、電気エネルギーに再変換して使用するためのしくみで、「電解質」（通常は液体）の中に2つの金属の「電極」を入れたものです。一般的な自動車のバッテリーでは、電解質として水に溶かした硫酸（化学式は$H_2SO_4$）が使われ、水中で正電荷の水素イオンと負電荷の$SO_4$イオンに分かれ

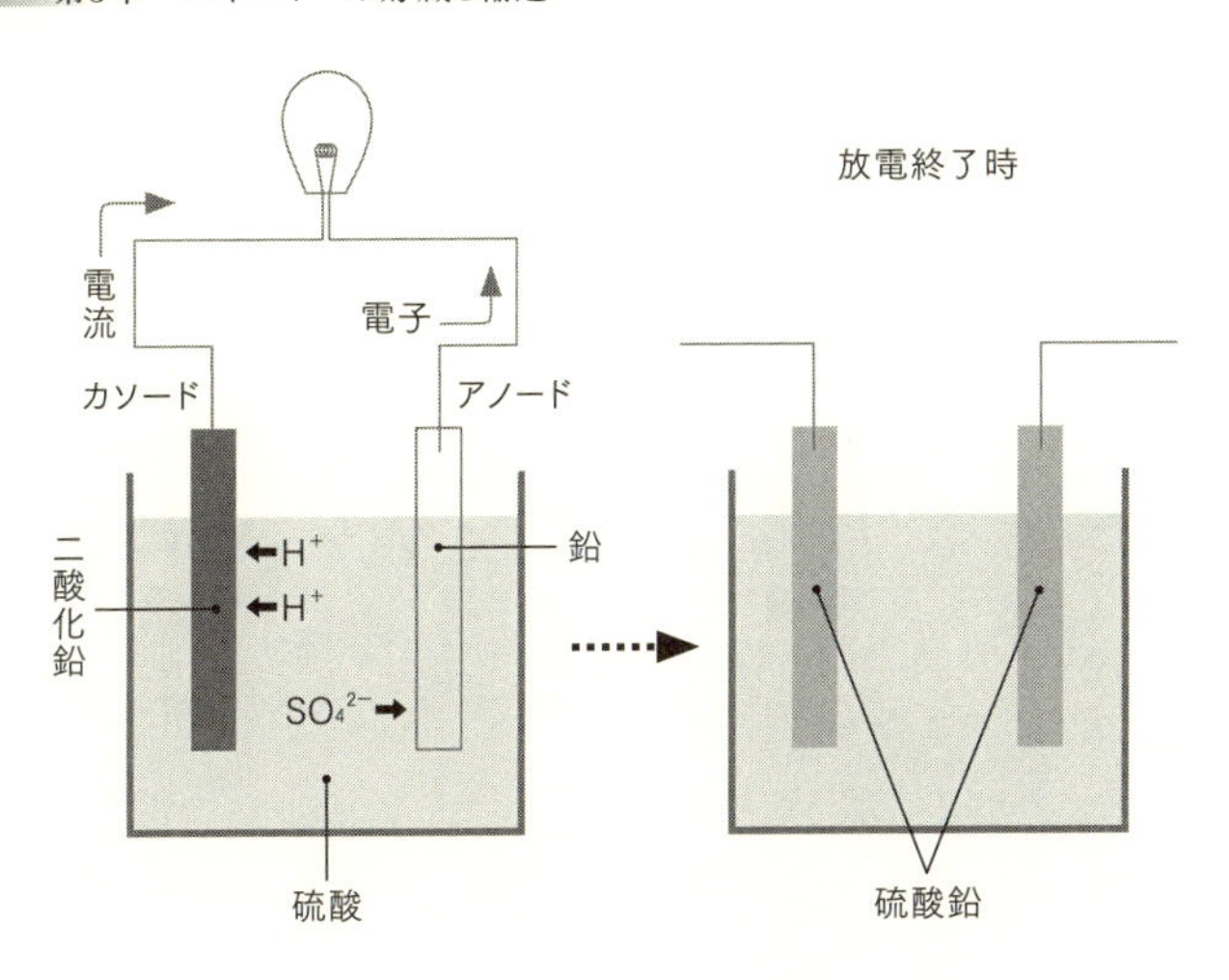


**図5－2　自動車用バッテリー（鉛蓄電池）の原理**

ています（図5－2）。

2つの水素原子は、電子を一個ずつ失って正のイオンとなり、「ラジカル」と呼ばれる負の$SO_4$イオンは余分の電子を2個もっていることになります。通常は、片方の電極に鉛（Pb）が、もう一方に二酸化鉛（$PbO_2$）が使われます。

これらを電解質溶液に入れると、正のイオンは二酸化鉛側の電極に、それ以上イオンを引き寄せられなくなるまでたまります。負のイオンは、もう一方の鉛電極に引き寄せられます。正のイオンが集まる電極は「カソード」、負のイオンが集まる電極は「アノード」と呼ばれます。

電池が違えば電極の金属も異なり、電解

質にも別の化学物質が使われますが、どれも同じような化学的プロセスです。電解質が液体のものを「湿電池」と呼び、電解質の液体を固体にしみこませて扱いやすくしたものを「乾電池」といいます。

## 放電と充電

電池が充電されていると、2つの端子のあいだには電圧の差が生じます。電線を使って電球やモーターなどを端子に接続すると、$SO_4$イオンではなく、電子がアノードからカソードへと電線を伝わって流れます。電流は逆に、カソードからアノードへ流れます。その結果、両方の電極に蓄えられていた電荷が中和され、電解質中に残っていた正の電荷はカソードへ、負の電荷はアノードへと移動します。

電解質中のすべての$SO_4$イオンが中性の分子（硫酸鉛）に変換されることで、この過程は終了します。「電池が放電した」と表現されるのは、この状態です。電源をつないで電流を逆方向に流れるようにすれば、電極は$SO_4$分子に負の電荷を与え、水素分子に正の電荷を与えます。こうして電池は充電され、ふたたび化学エネルギーの形でエネルギーを蓄えます。

　どの電池にも、両端子間に決まった大きさの電圧があります。大きな電圧がほしいときには、最初の電池のカソードを次の電池のアノードにというように、いくつかの電池を「直列」につないで使います。

　1800年に、このきわめて便利な装置を発明したのは、イタリアの物理学者、アレッサンドロ・ボルタ（1745〜1827年）です。きっかけは、解剖学者のルイジ・ガルバーニ（1737〜1798年）が見出した、死んだカエルから切り取った脚を2種類の金属で触れるとけいれんを起こすという現象でした。

　カエルの脚と2種類の金属をつなぎ、効果を強めるために、さらにそれを「直列」につなぐと別のカエルの脚がけいれんすることを発見するなど、ガルバーニの主張する〝動物電気〟を発生させようと何年も実験を重ねたのちに、ボルタは銅板と亜鉛板と食塩水を用いた「ボルタの電堆（でんたい）」と呼ばれる電流が流れつづける装置を発明しました。ボルタの功績を記念して、英語では電圧を「voltage」と表現し、「volt」（ボルト）の単位で測っています。

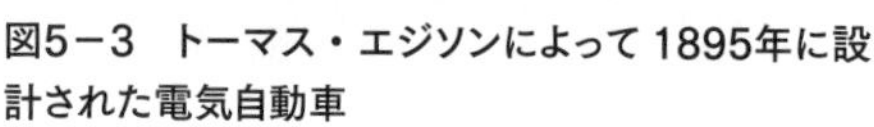

図5－3　トーマス・エジソンによって1895年に設計された電気自動車

## エジソンも設計していた電気自動車

たとえば、自動車を動かすためのエネルギーを貯蔵するような場合には、電池はきわめて便利です。しかし、大量のエネルギーが必要となるときには、電池の「大きさ」と「重さ」がネックになります。使用目的に応じて充電容量を増やしたり、軽量化したりする技術が必要です。

少しでも軽く、容量の大きい電池の発明や改良は、エネルギーの分野で最も急がれる課題の1つとして、多くの実験室で取り組まれています（車の駆動用電池に関する最近の書物は『*Bottled Lightning: Superbatteries, Electric cars, and the New Lithium Economy*』〈参考図書5〉など）。

図5－3に示すように、早くも19世紀には、電池で駆動する自動車が提案されていましたが、20世紀に入るとガソリン自動車が広く普及しました。図5－4は、アプテラ・モーターズ社が2007年に発表した電気自動車です。

電解質に、液体ではなく固体を使っている電池では、再充電はできません。アルカリ電池では、電解質は水酸化カリウム、アノードは亜鉛の粉、カソードは二酸化マンガンです。そのような電池の小型化には、用途の拡大に応じて大きな進展があり、自動車駆動用の大容量の充電電池の実用化も進んでいます。

**図5－4　アプテラ・モーターズ製の現代的な三輪電気自動車**

## 液体水素

液体水素は、それだけで短期間のエネルギー貯蔵の媒体になります。

水に正負の電極を差し入れて電流を流すと、$H_2O$分子は、カソード（電線の負電極が水中に入るところ）に集まる正の電荷の水素イオンと、アノード（電線の正電極が水中に入るところ）に集まる負の電荷の酸素イオンに分かれます。分解された水素ガスは、集められてそのままで使われたり、低温・高圧にして液化して使われたりします。

そのような水素ガスは、酸素と出会うとたちまち強い化学反応を起こし、放熱します。水の電気分解で費やされる電気エネルギーは水素に蓄えられており、水素が燃えると熱の形で回復して水になります。水素は、次項で紹介する燃料電池によって電気エネルギーを発生する目的でも使用されています。

## 燃料電池

水素燃料電池は、2つの領域から構成されています。「燃料極」と呼ばれる最初の領域には、水素のタンクから供給される液体水素と、水素原子をイオン化するための触媒（非常に細かい白金の粉など）が入っています。「空気極」と呼ばれるもう1つの領域には、空気中から取り込まれた酸素と、ニッケルなどの触媒が

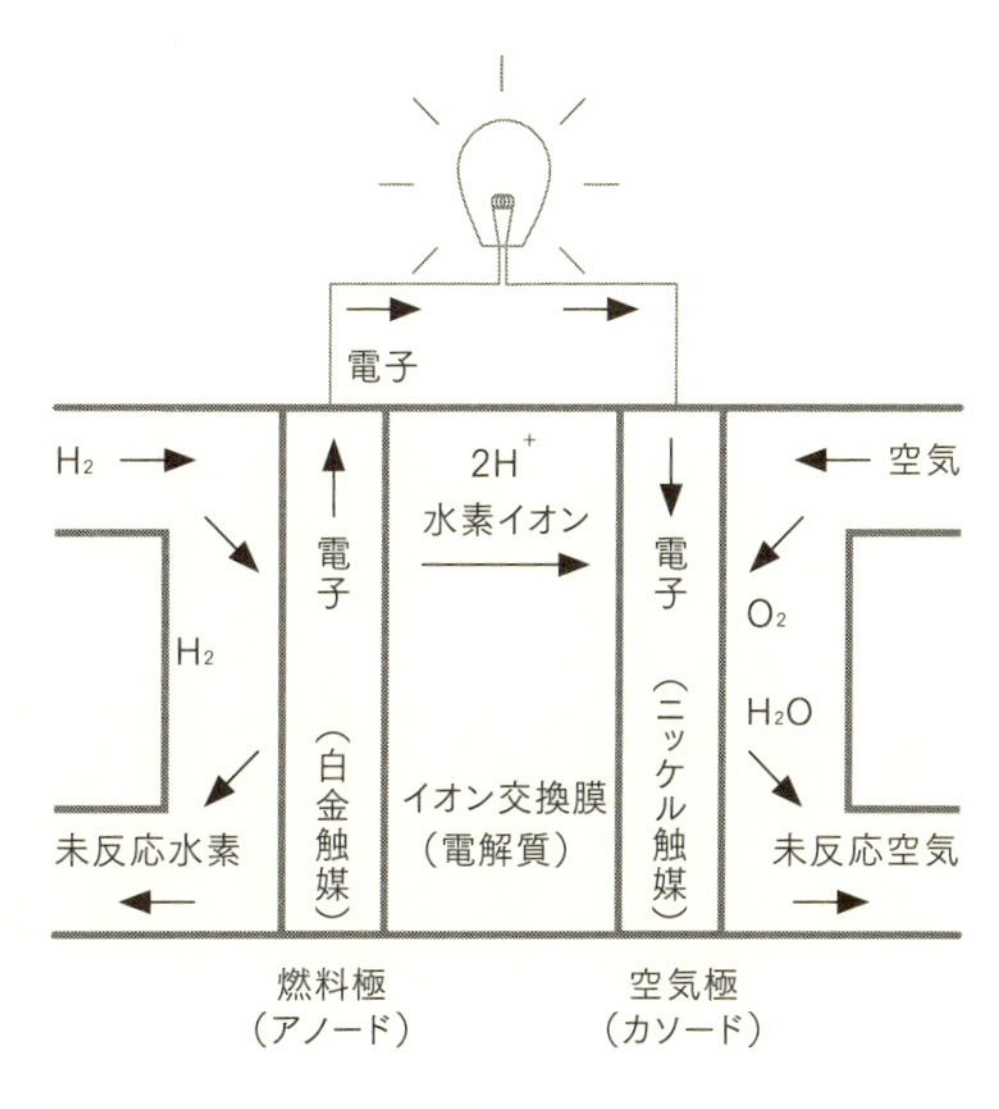


**図5−5　固体高分子形燃料電池の原理**　1つのセルでは通常0.6～0.8V程度のため、積層して必要な電圧を得る。

入っています。

2つの領域は、水素イオン（陽子）は通り抜けるけれども電子は通り抜けられないような電解質（たとえば、「固体高分子形」と呼ばれる方式では「イオン交換膜」という高分子膜を使います）の入った部分で区切られています。

空気極に到達した水素イオンは、触媒の働きによって酸素と結合して水になります。これらのイオンの電気的な中和には電子が必要なので、ここに差し込まれた電極に電線をつなげば、電子を吸い込むカソードになります。燃料極に挿入されたもう一方の電極は、水素イオンが出ていって余った電子を電線へと追い出すアノードとなります。こうして燃料電池は、一時的に水素に蓄えられたエネルギーを、通常は0・6〜0・8ボルト程度の電圧に変換しています（図5－5）。

液体水素をエネルギーの貯蔵や、自動車の推進などの輸送に使うということは、ガソリンの使用とは根本的に異なっています。単に地中から取り出して精製して使われる後者は、エネルギーの「源」ですが、前者はエネルギーの運び手にすぎません。というのも、燃料電池が水素を電気エネルギーに変えてつくり出すよりも、多くのエネルギーが（避けられない損失も入れれば）水素を発生させるために必要だからです。

確かに、水素を燃焼させても二酸化炭素は排出しません。しかし、製造工程で化石燃料を消費し、運搬や保存にも他の化石燃料以上にエネルギーを消費するため、液体水素はどう考えてもガソリンの代替にはなりえないことを知っておきましょう。

## 電磁エネルギーを効率よく運ぶ方法

電球を光らせるエネルギー、電池から取り出せるエネルギー、電磁波として空間を伝わるエネルギーをまとめて電磁エネルギーと呼びます。エネルギーを遠くまで輸送するのに、きわめて簡単で効率がよいのは「電磁的な方法」です。

私たちが毎日目にしているエネルギーの圧倒的な大量輸送は、もちろん宇宙を通ってやってくる太陽の放射です。この特別な輸送方法から、私たちは大いに恩恵を受けてはいますが、非常に無駄が多く、真似をするのに適当なモデルではありません。

太陽が放射する全エネルギーのうち、地球が受け取るのはごくわずかな部分にすぎません。地球上のある地点から、別の離れた地点へ電磁エネルギーを輸送するためには、大きなサーチライトと地球表面に沿って光を導く鏡があればよい、というわけではないのです。光学の法則によれば、大きな損失をしないように光線を十分に絞ることは不可能ですから、そのような努力をしても無駄なだけです。

しかし、原理的には通常の光のボケを防ぐ方法があります。レーザー光を使えばよいのです。レーザー（Light Amplification by Stimulated Emission of Radiation）のしくみは、アインシュタインの独創的な提案に基づいています。

ラザフォードの原子模型を安定にするために、電子は原子核の周りの不連続な軌道を回り、ある準位から低い準位にジャンプするときにだけ光を出すという斬新なアイデアをボーアが提出した直後、アインシュタインはこの量子的なジャンプの確率を計算する式を示しました。

それは、のちに完成した量子力学による予測を正しく先取りするものでした。同時に彼は、励起状態（基底状態よりエネルギーが高く、電子の1つがより低い、空いた準位に移ることができる状態）にある原子に、ちょうどこのジャンプに相当するエネルギーの電磁波を照射することで実際にジャンプが起こり、照射されたのと同エネルギー・同位相の電磁波を放出する「誘導放出」と呼ばれる現象が起きることを示しました（その確率を示す式もつくり上げています）。

このアイデアが実際に確かめられ、レーザーの開発に活かされるまでには、さらに30年以上もの時間を要しました。

## 宇宙から地球にエネルギーを運ぶ手段

電灯や太陽などの普通の光源の光と比べ、レーザービームが優れている点は、その光が「コヒーレント」であることです。コヒーレントな状態とは、光を構成する波が、すべて位相をそろえていることを意味しています。

一般的な単色光の波を、ぶらぶら歩きの歩行者の群れにたとえるなら、レーザー光の波は、歩調をそろえて行進する兵隊の列のようなものです。コヒーレントなビームはずっとシャープで、はるかな遠距離までそのシャープさが維持されます。

講演などで使うレーザーポインタが、スクリーンに小さな明るい点をはっきりと表示することを思い浮かべてください。天文学者は、強力なレーザービームを宇宙飛行士が月面に置いてきた反射器によって反射させて往復時間を測り、その瞬間の地球表面からの距離を数インチの誤差で測定することに成功しています。

それでは、レーザービームは、大気の吸収によるある程度の損失だけで、地上の遠距離間で電磁エネルギーを輸送するのに使えるのでしょうか？

もし月や火星などにエネルギー源がみつかった場合、その地球への輸送手段として実用に耐えるのはこの方法だけでしょう。残念ながら、このアイデアを実現できるような強力なレーザーの製作には、まだ誰も成功していないのですが。

## なぜ高電圧で送電するのか？

現在の社会で、電力を長距離輸送（電力輸送）するために実際に使われている方法は、もちろん高電圧送電線です。なぜ高電圧なのでしょうか？

第2章で述べたように、電流が電線を流れると熱が発生します。電流の目的がエネルギーの輸送だけである場合には、この熱はまさしく「損失」ですから、当然ながら可能なかぎり少なくしたいものです。

発熱による電力の損失は、電流の大きさの2乗と、電線の抵抗値の積で与えられます。電線の抵抗値はその長さに比例し、断面積に反比例します。また、電線の材料にも依存します。電線が超伝導状態になるように十分に冷却し、その抵抗を0にすることは大いに有望な対応策ですが、技術的にはまだ実現していません。

損失をできるだけ少なくするためには、電流をできるだけ小さくしなければなりません。輸送される電力は、電流と電圧の積なので、決められた量の電力に対しては、電圧をできるだけ高くすることで電流を小さくできます。だから、高電圧が必要なのです。

では、どの程度の高電圧なのか？　実際には何万ボルトにもなります。しかし、これはあまりに危険で、日常生活で使えるような電圧ではありません。

そこで、大きな損失なく電圧を変えることが必要になります。そのような操作は、直流ではできませんが、交流なら可能です。電力の輸送に交流が広く使われることになったのは、直流を使うことを強力に主張したトーマス・エジソンとの論争に勝った、セルビア系アメリカ人技師で発明家でもあったニコラ・テスラ（1856～1943年）の功績でした。

## 変圧と効率性

電圧を変更することを「変圧」といいます。

変圧器は、図5－6に示すように、鉄心とそれに巻きつけた2つのコイルからできています。鉄心は、周囲に磁場ができると磁石になる性質があり、これを「磁化」といいます。

交流が一次側のコイルに送り込まれると、アンペールの法則によって時間とともに変化する磁場が生じ、鉄心の磁化も時間とともに変化します。すると、ファラデーの電磁誘導

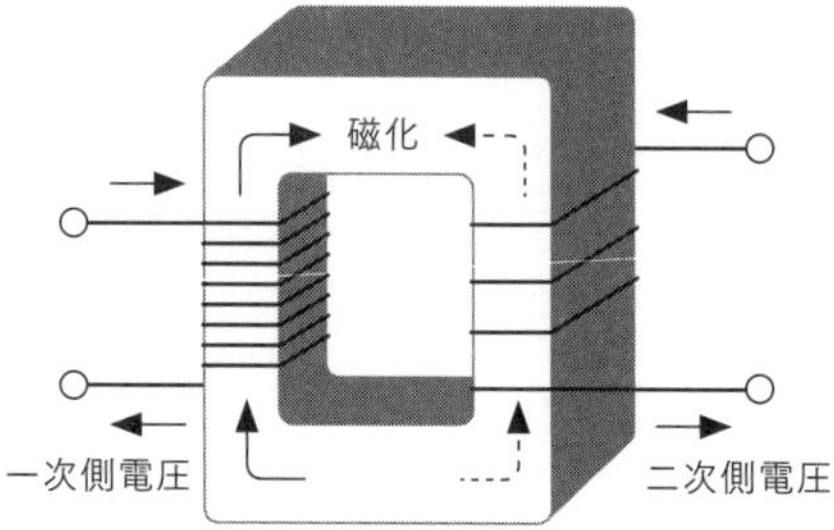

**図5−6　変圧器の原理**　一次側コイルで図の方向の電流が増加すると、鉄心は実線矢印方向に磁化し、二次側コイルにはその磁化を打ち消す磁化（点線矢印）ができるように電流が生じる。

の法則によって、その鉄心の磁化の変化を妨げるような方向に、二次側のコイルに電流が流れます。

鉄心の磁化は、一次側のコイルの巻き数とその電流に比例し、二次側のコイルの電流はその巻き数と鉄心の磁化に比例します。したがって、2つのコイルの電圧の比は、「巻き数の比」に等しいことになります。これが、交流の変圧器の原理です。電力輸送に有利な高電圧の交流は、このようにして危険の少ない低電圧にして使われています。

現在のところ、避けることのできない損失があるにもかかわらず、交流による高電圧送電線は、地球上の離れた地点への最も実用的で有効なエネルギー輸送の方法です。石油やガスを運ぶパイプラインやタンカー、石炭を運搬する貨車といった、これとは別の輸送手段がさまざまな理由から選択されていますが、いずれも効率の低下は避けられません。

ここでいう「効率」は、技術的な意味合いではなく、むしろ利便性や実用性の意味で使っています。今から100年後には、送電線は「高エネルギーレーザービーム」や「メーザービーム」（レーザーの一種で、電波がマイクロ波のものを「メーザー」といいます）に置き換わっているかもしれません。

かつてニールス・ボーアが語った言葉としてときに引用されるように、「予測は難しい、とりわけ未来の予測は」なのです。

＊

このあたりで、エネルギーの貯蔵と輸送に関する話題を終えることにしましょう。同時に、太陽と地球に関する「エネルギーの科学」についても、区切りをつけることにします。

でも、「宇宙全体のエネルギーは、いったいどこから来ているのか？」——ここまで読んでこられたみなさんは、ふしぎに感じているのではないでしょうか？

基本的な法則によれば、「エネルギーは保存されなければならない」のだし、これまでも保存されてきたというのですから、実は、物理学はこの問いに答えることができないのです。「どこから来たか」という問いは、科学というよりはむしろ、哲学的なものといえるのかもしれません。

もし、「宇宙のはじまり」というものがあったのなら、そのはじまりのエネルギーはどんな形で、時間の経過とともにどう変わってきたのでしょうか？　科学的には、この問いかけのほうが意味があります。

最終第6章では、この疑問について、答えを探ってみることにしましょう。

# 第6章

# 宇宙のエネルギー

## アインシュタインに挑戦した科学者たち

1915年にアインシュタインが一般相対性理論を発表して以来、この理論は「宇宙がどのように進化してきたか」を理解するための枠組みになっています。

そこには、面白い逸話も残っています。発表されるやすぐさま、一般相対性理論は宇宙の新しい数学的モデルを構築することに使われました。宇宙は〝永遠不変〟でなければならないと考えていたアインシュタインは1919年、自らの方程式に「宇宙定数」（あるいは「宇宙項」）と呼ばれる項を追加します。

ところが、1922年にアインシュタインの方程式を厳密に解いて、宇宙は「定常」ではなく、「膨張」している、場合によっては「収縮」している可能性があるということを、ロシア人のアレクサンドル・フリードマン（1888〜1925年）が提示しました。1927年には、ベルギー人のジョルジュ・ルメートル（1894〜1966年）が一般相対性理論に基づいて、アインシュタイン自身による定常宇宙論からはじまる宇宙論の論文を書き、その中で膨張宇宙に関する新しい着想を提起しました。

1894年にベルギーのシャルルロワで生まれたルメートルは、第一次世界大戦では砲兵隊の将校を務めました。その後、聖職者になる準備をしながら物理学と数学を学び、イエズス会の司祭になったのちに、ケンブリッジの大学院で宇宙論と天文学を学びました。さらに1年間、アメリカのマサチューセッツ工科大学とハーバード大学天文台で、30年間にわたって同天文台の所長を務めたことで知られるハーロー・シャプレー（1885～1972年）と共同研究を行っています。

ベルギーに帰国したルメートルは、ルーヴァン・カトリック大学の講師を経て、正教授となりました。エドウィン・ハッブル（1889～1953年）が膨張宇宙に関する発表を行う2年前に、ルメートルがルーヴァンで書いた宇宙論の論文には、すでに「2つの銀河間の距離が大きくなればなるほど、その距離に比例して、お互いに遠ざかる相対速度は大きくなる」とする「ハッブルの法則」が含まれていました。

論文の発表からまもなく、ルメートルは「原始的原子」や「創生の瞬間に爆発した宇宙の卵」などと呼ばれる〝あるはじまりの点〟から宇宙が膨張したというアイデアを得ます。一躍、名を馳せたルメートルは、さまざまな栄誉に浴し、多くの賞を受けました。彼は、教皇ヨハネ23世から司教に任命されたのち、1966年にルーヴァンで生涯を終えています。

## 「宇宙の大きさ」をどう観測してきたのか

20世紀の初頭、天文学者たちが観測していると考えていたのは「膨張宇宙」ではありませんでした。

そのような状況下にあって、カリフォルニア州パサデナのウィルソン山天文台で働いていたハーロー・シャプレーが、「宇宙は、従来考えられてきたよりも、はるかに大きい」という驚くべき結論に到達します。いったいどのようにして彼は、それを発見したのでしょうか?

当時の天文学者たちは、星までの距離を測ろうとするたびに挫折を繰り返していました。惑星への距離は、「視差」を測ることで推測可能です。つまり、地球が動くあいだにその惑星の位置が移動する角度を使って、三角測量を行うのです。私たちの脳が、2つの目からの対象物への角度の違いをもとに、その対象物までの距離を認識しているのと同じ要領です。

しかし、恒星や銀河は、この方法を使うには遠すぎました。シャプレーはその代わりに、距離の目印として既知の「変光星」を用いました。それらの変光星の明るさは、規則正しく変化します。変化の周期は星によって決まっており、星の本来の明るさと関係があることが知られていました。

周期から本来の明るさを推測し、望遠鏡でその明るさを観測すれば、距離を計算することが可能です。観測される明るさと本来の明るさとの比は、距離の２乗に反比例して減少するからです。

これらの変光星は、その周辺にある星の集団や銀河のおよその距離を知るための目安になっています。当時の天文学者たちにわかっていたのは、これらの恒星や銀河の総計は非常に大きいけれども、その大きさは決まっている——すなわち、恒星や銀河は定常であるらしいということでした。

天文学者のエドウィン・ハッブルが、宇宙は単に非常に大きいだけではなく、実際には膨張もしているということを発見したのは、１９２９年のことでした。ハッブルの発表を受けたアインシュタインはもちろん、かつて付け加えた不格好な項を自身の方程式から取り去ります。のちには、「この項を導入したことは、人生で最大の失敗であった」と悔しげに語りました。

アインシュタインが最初に発表した理論に固執していたなら、やがて観測されることとなった「宇宙の膨張」を予言した人物としての評価を受けることができたに違いありません。

## ハッブルの独自性

ハッブルは、どのようにして「宇宙の膨張」を発見したのでしょうか?

彼以前の天文学者たちは、個々の星から放射された光のスペクトルを詳しく解析し、星の構成元素の指紋ともいえるスペクトルから、それらの星も、地球と同じ元素でできているということを発見していました。問題は、観測された個々のスペクトルの多くが、赤色のほうへずれているという事実でした。特定の元素に属するスペクトル線の全体が、波長の長いほうへずれていたのです。

「赤方偏移(せきほうへんい)」と呼ばれるこの現象を、何とかして説明しなければならない――ハッブルたちの目前には、この課題が立ちはだかっていました。

多くの天文学者たちが、「赤方偏移の原因は星間空間の特性にある」と考えていたときに、ハッブルはその原因は「ドップラー効果である」と主張しました。現在では、彼によるこの解釈が、広く受け入れられています。

音波に関するドップラー効果は、よく知られています。速いスピードで近づいてくる救急車のサイレンは、止まっているときより高い音に聞こえ、遠ざかる際にはより低い音に聞こえます。

光の波でも、同じことが考えられます。近づいてくる星からの光のスペクトルは、音が高音のほうへずれるのと同じように、すべてわずかに青色の側に、つまり振動数の高いほうにずれるのです。遠ざかる星の場合には赤色のほう、つまり振動数が低く、波長が長いほうへずれます。ただし、星の速度が光速と同じぐらい速くなければ、このずれはきわめてわずかなものにすぎません。

もし赤方偏移がドップラー効果によるものならば、宇宙空間で遠く離れた恒星や銀河は、すべて私たちから遠ざかっていることになります。それればかりでなく、ハッブルは星が遠ければ遠いほど、より高速で遠ざかっていることに気がつきました（ハッブルの法則）。

しかし、この事実から、「宇宙の中で、私たちの地球が特別な位置にある」と結論づけてはいけません。地球以外のどこにいる観測者からみても、同じ法則が成り立っているからです。すなわち、すべての星が、お互いにハッブルの法則が示す割合で遠ざかっているのです。

天文学者は、宇宙の中に〝特別な場所〟は存在せず、宇宙は基本的に一様であるとする、いわゆる「宇宙原理」を普遍的に受け入れています。地球からある星までの距離に対して、その星の遠ざかる速度をグラフにすると、ほぼ直線になります。つまり、星が遠ざかる速さは、地球からの距離に比例するということがわかったのです。

これが、宇宙全体がどのように膨張しているかを正しく表現するハッブルの法則であり、その比例定数は「ハッブル定数」と呼ばれています。この定数は現在、20キロメートル/(秒×100万光年)と考えられており、ハッブルが当初見積もったものよりかなり小さな値になっています。膨張の速度は、地球から100万光年離れるごとに秒速20キロメートルずつ速くなっているということです。一般相対性理論によれば、あらゆるところで膨張しているのは空間そのものなのです。

## 「ビッグバン」の意味するもの

宇宙のはじまりと、そこでのエネルギーの形に関しては、一般相対性理論と、量子場の理論を含む量子力学によって支配される宇宙論が、その全歴史を解明しています。

その理論による宇宙像は、「ビッグバン」ではじまり、現在もなお、膨張しつづけているというものです。当然のことながら、ハッブルの法則は「時間をさかのぼれば宇宙は収縮する」ことを意味していますから、〝ある一点〟として宇宙が誕生したのはいつかを計算することが可能です。現在、宇宙の年齢は137・5億年と見積もられています（宇宙の年齢に関するさらに詳しい計算については、『*How Old is the Universe?*』〈参考図書23〉を参照のこと）。

少し難しい話をすれば、「ビッグバン」は、一般相対性理論の方程式が破綻する「特異点」であると考えられています。その特異点から時間がスタートし、空間はそのとき、宇宙がもっていた全エネルギーをともないながら膨張をはじめました。

誰もが答えを知りたい疑問ではありますが、「ビッグバン以前に何があったのか？」「ビッグバン以前のエネルギーはどこにあったのか?」と訊ねることは無意味です。なぜなら、ビッグバンより「以前」というものは存在しないからです。時間と空間は、宇宙の誕生までは存在しなかったのです。

## 「宇宙のはじまり」のエネルギーとは?

地球が太陽から受け取るすべてのエネルギーの源についての議論から、「すべてのエネルギーの最初の形は核エネルギーだ」と考える人もいるかもしれません。しかし、そうではありません。

それは電磁エネルギー、すなわち、「光の放射」の形ではじまりました。小さな、しかし超高速度で成長する〝赤ちゃん宇宙〟はきわめて高温で、しかも大量の光子に充ち満ちていました。ある意味では、電磁エネルギーの形は、物質の形でのエネルギーに対して「裸の」エネルギー、あるいは〝純粋なエネルギー〟とみなすことができます。物質の形でのエネルギーの出現は、もっとずっとあとの話です。

2つの光子が衝突する際の合計エネルギーが、少なくとも衝突によってつくり出される粒子の静止エネルギーの合計に等しく、他のすべての保存則が満たされているかぎり、第4章でみたように粒子が生成される可能性があります。

電子 - 陽電子対の場合は電荷の大きさが等しく、かつ正負が反対になっていて電荷保存則が満たされています。したがって光子のエネルギーが$mc^2$の2倍、つまり約1メガ電子ボルト程度であれば、電子 - 陽電子対の生成が可能です。電子の質量$m$は陽電子の質量に等しく、その大きさはエネルギーの単位で約0・5メガ電子ボルトだからです。中性子や陽子、あるいはもっと重い粒子の生成には、2ギガ電子ボルト以上が必要です。

静止エネルギーをもった粒子として最初に生成されたのは、電子と陽電子、そして陽子と中性子でした。陽電子が中性子に衝突して合体すると、弱い相互作用によって中性子が陽子に変えられ、ニュートリノが出てきます。したがって、陽電子は徐々に消えていきます。そのほかの粒子の「反粒子」（ある粒子と、質量は同じで電荷が正負反対の粒子）も、電荷保存則を満たすために生成されたはずですが、それらはどうなったのでしょうか？

実は、宇宙初期に存在したはずの反粒子の行方は、現代物理学における未解決の大きな問題の1つです。どこかに、反粒子の集まった「反物質」からつくり上げられた星や銀河の宇宙が存在するのでしょうか？

もし、通常の物質からできた星と、反物質でできた「反星」とが出会ったら、強烈な爆発を起こし、放射だけを残してどちらも消えてしまうでしょう。しかし、天文学者たちはこれまでに、そのような事象を観測したことはありません。いまだ解けない難題として残っているのです。

## 予言されていた初期宇宙の残照

水素の原子核である陽子と中性子が生成されたあと、宇宙は、その誕生当時に存在した「純粋」エネルギーから、あらゆる元素の原子核を育てる「原子核合成」というプロセスを開始しました。これについては、後述します〈初期の宇宙に起こったことをもっと詳しく知りたい人は『*The First Three Minutes*』〈参考図書22〉を参照〉。

１９６４年、アメリカ・ニュージャージー州のベル研究所で、２人の電波天文学者、アーノ・A・ペンジアス（１９３３年〜）とロバート・W・ウィルソン（１９３６年〜）は奇妙なことに気づきました。彼らのような電波天文学者は、光よりもずっと波長の長い電磁波――マイクロ波を含む電波――を受信するアンテナを使って天体の観測をしています。

ペンジアスとウィルソンのアンテナは通常のノイズ、すなわちアンテナの増幅器の電子回路から発生する電波の伝送にともなう雑音を、できるだけ低く抑えるように設計されていました。それにもかかわらず、彼らは波長7・35センチメートルを中心とする信号を受信しつづけていました。

この信号は、アンテナをどの方向に向けても変わりません。つまり、その信号があらゆる方向から来ていることを示していました。一時はアンテナに巣をかけているハトのせいではないかとも疑いましたが、すっかり掃除をしたときにハトが犯人ではないことがはっきりしました。

では、この電波はいったいどこから来ているのか？

閉じた空洞の中には、各波長の強度がその空洞の温度だけに依存するような放射、すなわち「空洞放射」が必ず存在することがわかっています。空洞放射の理論から、電波天文学者は通常、彼らが受信するノイズを温度で表現します。ペンジアスとウィルソンは、彼らが観測した放射が3・5Kであると報告しました。

この発見を知った天文学者や宇宙論学者は、その3・5Kの放射が、ジョージ・ガモフとその共同研究者たちが予想した「初期宇宙の放射の名残」であることに気づきます。

もし、原子核合成の過程の終了後に非常に高エネルギーの放射が残ったとしたら、新しくつくられた重い元素の原子核をすべて破壊することができたに違いない——ガモフたちは、宇宙に残存する水素の量に基づいて、核反応が終わったあとに残った放射は3000K程度であったと考えました。さらに、その後の爆発的な膨張によって空間が伸ばされたことで、この放射は赤方偏移し、現在のこの空洞——すなわち、宇宙全体——を満たす温度を、5K程度と推測していたのです。

## 火の玉理論の登場

1904年に、当時のロシア帝国（現在のウクライナ）のオデッサで生まれたゲオルギー・アントノヴィッチ・ガモフは、オデッサ大学とレニングラード大学を卒業し、量子力学の新しい展開に興味をもって、ゲッチンゲン大学へと移りました。次いでケンブリッジのキャベンディッシュ研究所のラザフォードの門をたたき、彼のもとで研究をつづけます。

ソビエト連邦における政治的な雰囲気がどんどん険悪になってきたため、同じく物理学者であった妻をともない、ガモフは二度の亡命を企てました。一度めはカヤックで黒海を160マイル渡ってトルコへ向かおうとし、二度めはムルマンスクを経てノルウェーへ行こうとしましたが、いずれも悪天候による失敗に終わりました。

そして、ブリュッセルでの物理の国際会議に出席したのち、ついにガモフ夫妻はアメリカ合衆国への移住を果たします。1934年にジョージ・ワシントン大学に着任したガモフは、カリフォルニア大学バークレー校を経て、最後はボールダーのコロラド大学に移って1968年に当地で息を引き取りました。

想像力がきわめて豊かで、独創的なアイデアとユーモアのセンスの持ち主であったガモフは、原子核理論の著作に加え、多くの一般向けの啓蒙書も書き残しています（訳註　たとえば『*Mr. Tompkins in Wonderland*』など〈参考図書25〉）。

宇宙のはじまりが「高温の火の玉」であったとする彼のビッグバン理論の論文は、ラルフ・アルファ（1921～2007年）との共同研究で、原子核合成の記述にはじまり、初期宇宙の放射の残存までを予言していました。この論文はアルファとベーテとガモフの共著として出版されましたが、ベーテは実際には共同研究者ではありません。ギリシャ文字の最初の3字にすれば面白いというだけの理由から3人の共著にしたもので、以降これは「αβγ論文」と呼ばれることになりました。

ペンジアスとウィルソンがアンテナでとらえた奇妙なノイズは、ハトのフンによるものではなく、赤ちゃん宇宙がもっていた純粋エネルギーを、あらゆる元素の原子核という形にできるかぎり変換し終えたあとの〝泣き声の名残〟そのものでした。

これは現在「宇宙マイクロ波背景放射」と呼ばれており、最新の観測結果によれば、その温度は2・725Kとなっています。

## 「核融合」と「ベータ崩壊」

原子核合成の話に戻りましょう。

英国人天文学者のフレッド・ホイル（1915〜2001年）は1950年代の初頭に、次のような過程が宇宙のあらゆる化学元素の発生のもとであると主張しました。ホイルの提起した過程は、「核融合」と「ベータ崩壊」の2段階から成っています。

スタートはもちろん、高エネルギーの光子の衝突による、中性子－反中性子対の生成です。水素の原子核（陽子）は、これにつづく中性子のベータ崩壊によって、あるいは陽子－反陽子対として放射から直接につくられます。

中性子と陽子の衝突によって重陽子が形成され、さらにそれが別の中性子と融合して三重水素ができます。三重水素の中の中性子の1個がベータ崩壊して、$^{3}He$の原子核となります。そして、$^{3}He$と別の中性子との核融合によって、アルファ粒子——すなわち$^{4}He$の原子核ができるのです。

核融合によって、すでにつくられた原子核に中性子を1個追加するという過程がつづくことで、1つずつ質量数の大きな同位元素が生まれていきます。そのうちの1個の中性子がベータ崩壊をして元素の周期表の階段を一段上がると、原子番号が1つ増えます。

このようにして、星の内部、あるいは超新星爆発によってあとからつくられたものを除く、いわゆる「安定元素」の原子核はすべて、きわめて系統的に1つ1つ生み出されたのです。できた原子核の多くが崩壊しない理由は、核子どうしが非常に強く結合していて、その静止エネルギーが崩壊してできる生成物のエネルギーの合計よりも小さいので安定だからです。

## 純粋エネルギーの何パーセントが物質になったのか？

ホイルの提案から数年を経て、彼とアメリカ人物理学者のウィリアム・アルフレッド・ファウラー（1911〜1995年）が、驚異的な仕事を成し遂げます。それは、原子核合成によって周期表のすべての元素が段階的に生成されるそれぞれの確率を、量子力学を使って実際に計算するというものでした。

軽い元素の原子核は、比較的早期の宇宙において、原始的な原子核合成で段階的につくられました。一方、炭素よりも重い原子の原子核は、主に宇宙の進化とともに誕生した恒星の内部、あるいは超新星爆発によって生み出されたことから、「星による原子核合成」と呼ばれています。

ファウラーとホイルは、水素から最も重い元素まで、各元素の原子が互いにどのような割合で存在すべきかを計算したのです。この数値は、天文学者が元素の「存在量」と呼んでいるものであり、彼らは星のスペクトル強度の観測をもとにその数値を表にしていました。ファウラーとホイルによる計算結果と、天文学者たちの観測結果を比較することで、原子核合成の理論が確認され、宇宙の発展に関するアイデアの重要な部分が証明されました。

こうして私たちは、どれだけの宇宙のエネルギーが最初の純粋な放射から恒星や惑星、ひいては、すべての生命を構成する物質へと転換されたのか、ということについて、詳細を知るにいたっています（訳註　欧州宇宙機関が、宇宙背景放射観測衛星プランクを打ち上げて2013年までに実施した観測によれば、物質へと転換されたエネルギーの割合は約4・9パーセントと報告されています）。

## ノーベル賞に嫌われた科学者

ファウラーとホイルの仕事は、1983年にウィリアム・ファウラーがスブラマニアン・チャンドラセカールとともにノーベル物理学賞を受賞する形で世界中に認められました。しかし、驚いたことにフレッド・ホイルは受賞者からはずされたのです。

いったい何があったのでしょうか。

ホイルは〝変わり者〟として知られ、しばしばわざと同僚を怒らせたり、非常に奇抜なアイデアを出したりしました。彼は長年にわたってビッグバン理論に反対し、「宇宙にははじまりも終わりもない」とする彼自身の「定常宇宙」の考えを主張していました。

その主張によれば、たえず生成される原子核が、膨張する宇宙の隙間を埋めているというのです。ホイルは、彼が嫌っていた理論をからかうために、宇宙のはじまりに対して「ビッグバン」という言葉を使いましたが、現在では、揶揄(やゆ)としてでも皮肉としてでもなく、多くの人がこの用語に親しんでいます。

フレッド・ホイルは、物理学の法則が要求することに注意を払うことなく、自分の考えにこだわりつづけたことで自らの評判を落とし、ついには彼が真に貢献した功績への正当な評価まで失ってしまったのでした。

## ダークエネルギー

ところで、宇宙にはもう1つ、別の形のエネルギーが存在します。最近の天文観測によって、宇宙には私たちにはみえないエネルギー(「ダークエネルギー」と呼ばれています)が大量に存在することが、示唆されているのです。ただし、ダークエネルギーの性質は、今のところまったくわかっていません（訳註 衛星プランクの観測によれば、宇宙の全エネルギーの68・3パーセントをダークエネルギーが、26・8パーセントは「ダークマター」と呼ばれる未知の物質が占めており、通常の物質は、先述のとおり4・9パーセントにすぎません）。

この謎に満ちた奇妙なエネルギーには、立派な〝存在証明〟があります。宇宙が、単に膨張しているにとどまらず、その膨張の割合が加速しているという観測事実です。

現在のところ、観測できないだけでなく、重力以外の力が働かないダークエネルギーの性質の詳細はまったく理解できていません。1つの可能性は、この未知のエネルギーの代わりに、膨張の加速を、あの古い奇妙なアインシュタインの宇宙定数のせいにするというものです。アインシュタイン自身は、これを喜んで取り除いたのでしたが。

今やこの奇妙な宇宙定数を、何らかの形で復活させる必要があるのかもしれません。ここで最終的な結論を書くことができないのが残念ですが、謎に満ちた未知のエネルギーを紹介したところで、本書の幕を閉じることにしましょう。

# おわりに

本書では、エネルギーの保存則や、機械的エネルギー、電気エネルギー、化学エネルギーなどのエネルギーの形とその転換、そしてエネルギーの貯蔵と輸送を、基礎的な物理と化学を用いて説明してきました。

この地球上で文明を維持するためのエネルギーはすべて、究極的には太陽から来ているということを学んでいただけたと思います。わずかな例外の1つが核のエネルギーであり、それは太陽のエネルギーのもとでもあります。もう1つは地熱のエネルギーで、その源もまた、原子核のエネルギーです（第3章参照）。

私たちが太陽に依存しているのは化石燃料ばかりでなく、再生可能な風や水、バイオマスとして利用できるものなどももちろん含まれています。風が吹くのも川が流れるのも、結局は温度の違いや高度の違いがあるからで、太陽の熱、引力、あるいはその両方によっています。

したがって、地球上で利用するエネルギーのほとんどすべては、もとをただせば原子核の変換——核融合か核分裂——によるものだと言えるのです。

宇宙のエネルギーは、電磁放射の「純粋な」形ではじまりました。銀河や恒星や惑星を形づくっている物質という形のエネルギーはすべて、対生成、核融合、ベータ崩壊のいずれかによって発生しました。宇宙のすべての元素全体の分布は、これらの過程で説明できています。

地球上におけるエネルギーの不足や枯渇という恐れを、現実的に心配する必要があるのでしょうか？

そのような〝破局〟が訪れるという理由は存在しません。化石燃料が埋蔵している場所に、技術的に（あるいは政治的に）到達することが困難になって、そのコストが許容範囲を超えてしまったずっとあとには、化石燃料を使い果たすという事態が確かに到来するかもしれません。そうなったときには、私たちは地熱エネルギーや、太陽からの定常的な放射に依存する再生可能エネルギーに全面的に依存しなければならなくなるでしょう。

もちろん、ウランがなくなれば（あるいは、放射性廃棄物の有効な処分方法を見つけることができなければ）、核分裂方式の原子炉に頼ることはできなくなります。そのときまでには、きっと信頼のおける核融合炉の建設ができるようになっているでしょうし、その燃料である水素（重水素）がなくなることはありません。
したがって、現在の文明を維持するだけのエネルギーが（少なくとも、何か他の理由で文明が崩壊するより先に）足りなくなることは決してないのです。科学的に見れば、未来のエネルギーの確保に関して悲観的になる理由はありません。ただし、エネルギーに関して、この本では触れなかった別の観点もあることは、言うまでもありません。

＊

原稿を読んで、きわめて有益な批評をくださったケネス・W・フォードをはじめとする多くの人々、および編集に力を貸してくれた妻・ルースに感謝します。

ロジャー・G・ニュートン

12. Newton, Roger G., *From Clockwork to Crapshoot : A History of Physics.* Cambridge, Mass.:Belknap Press, 2007.

13. Ohanian, Hans C., *Principles of Physics.* New York : W. W. Norton & Co., 1994.

14. Palz, Wolfgang, *Power for the World : The Emergence of Electricity from the Sun.* Singapore : Pan Stanford Publishing Pte. Ltd., 2011.

15. Planck, Max, *Treatise on Thermodynamics.* English ed., New York : Dover, 1945.

16 Rosen, William, *The Most Powerful Idea in the World : A Story of Steam, Industry, and Invention.* New York : Random House, 2010.

17. Smil, Vaclav, *Energy in World History.* Boulder : Westview Press, 1994.

18. Smil, Vaclav, *Energies : An Illustrated Guide to the Biosphere and Civilization.* Cambridge, Mass. : The MIT Press, 1999.

19. Smil, Vaclav, *Energy : A Beginner's Guide.* Oxford : Oneworld Publications, 2006.

20. Smil, Vaclav, *Energy in Nature and Society: General Energetics of Complex Systems.* Cambridge Mass. : The MIT Press, 2008.

21. Smith, Crosbie, *The Science of Energy : A Cultural History of Energy Physics in Victorian Britain.* The University of Chicago Press,1998.

22. Weinberg, Steven, *The First Three Minutes : A Modern View of the Origin of the Universe.* New York: Basic Books, 1993.

邦訳『宇宙創成はじめの3分間』小尾 信彌 訳、筑摩書房 2008年

23. Weintraub, David A., *How Old is the Universe?* Princeton University Press, 2011.

訳註

24. サディ・カルノーの著書は*Réflexions sur la Puissance Motrice du Feu et sur les Machines Propres à Développer cette Puissance*、邦訳『カルノー・熱機関の研究』広重徹訳、みすず書房 1973 年 .

25. ジョージ・ガモフ著 *Mr. Tompkins in Wonderland* の邦訳『トムキンスの冒険』新装版、伏見康治他訳、白揚社 1991 年 .

# 参考図書・参考文献

本書の執筆の参考にしたもの、および文中で紹介したもののリスト


1. Arcoumanis, C., and T. Kamimoto (Eds.), *Flow and Combustion in Reciprocating Engines.* Berlin, Heidelberg : Springer-Verlag, 2009 .

2. Bernstein, Jeremy, *Hans Bethe*: *Prophet of Energy.* New York : Basic Books, 1980.

3. Brown, Theodre. M., "Resource Letter EEC-1 on the Evolution of Energy Concepts from Galileo to Helmholtz", *American Journal of Physics* 33(1965), 759-765.

4. Dyson, Freeman, "Chandrasekhar's role in 20th-century science", *Physics Today* 63(2010) 44 - 48.

5. Fletcher, Seth, *Bottled Lightning : Superbatteries, Electric Cars, and the New Lithium Economy.* New York : Hill and Wang, 2011.

   邦訳『瓶詰めのエネルギー　世界はリチウムイオン電池を中心に回る』片岡夏実 訳、シーエムシー出版 2013年 .

6. Hiebert, E. N., *Historical Roots of the Principle of Conservation of Energy:* Madison, Wisc.: Ayer Co. Publ., 1981.

7. Hecht, Eugene, "How Einstein confirmed $E_0 = mc^2$", *American Journal of Physics* 79 (2011), 591-600.

8. Isaacson, Walter, *Einstein* : *His Life and Universe*, New York : Simon & Schuster, 2008.

   邦訳『アインシュタイン その生涯と宇宙〈上・下〉』二間瀬敏史監訳、松田卓也他訳、武田ランダムハウスジャパン 2011年 .

9. Miller, David Philip, *James Watt, Chemist : Understanding the Origins of the Steam Age.* London : Pickering & Chatto, 2009.

10. Murphy, Glenn, *Inventions.* New York : Simon & Schuster Books for Young Readers, 2008.

11. Newton, Roger G., *Galileo's Pendulum : From the Rhythm of Time to the Making of Matter.* Cambridge, Mass.: Harvard University Press, 2004.

   邦訳『ガリレオの振り子 ―時間のリズムから物質の生成へ』豊田 彰 訳、法政大学出版局 2010年 .

## 図版クレジット

図1-1 From Murphy, *Inventions*, page 29.

図1-2 The first image: created by the United Kingdom Government, Science Museum, 1958 (from Wikimedia Commons); the second image: also Wikimedia Commons; the third image: a photograph of TGV Duplex at Gare de Lyon (Paris), taken on 31 August 2005 by Sebastian Terfloth.

図1-3 Photograph by Ben Paarmann, London, UK. (via Wikimedia Commons).

図1-4 From www.virtualtourist.com/travel/Asia/India/Mumbai.

図1-5 From www.tpub.com/content/construction/14264/css/14264 42.htm.

図1-7 From *Scientific American*, July 1984, page 125.

図1-8 From Ohanian, *Principles of Physics*, page 406.

図2-1 From Library of Congress, Prints & Photographs Division, Prokudin-Gorskiy Photograph Collection.

図2-3 http://constructionmanuals.tpub.com/14264/css/14264_42.htm

図3-1 After the image in http://csep10.phys.utk.edu/astr162/lect/energy/cno-pp.html.

図4-2 This image appears in most elementary physics books.

図4-3 Google Images, *aurora borealis*.

図4-4 This illustration was produced by Luc Viatour (www.lucnix.be).

図5-1 From the web, but a very common photograph.

図5-3 From *Science*, 24 June 2011, page 1494.

図5-4 From *Science*, 24 June 2011, page 1494.

## 【な行】



## 【は行】

【た行】

【か行】



【さ行】

**【アルファベット】**



**【あ行】**

# さくいん

## 【人名】

N.D.C.420　174p　18cm

ブルーバックス　B-1899

エネルギーとはなにか
そのエッセンスがゼロからわかる

2015年１月20日　第１刷発行
2022年５月24日　第３刷発行

著者　ロジャー・G・ニュートン
訳者　東辻千枝子（とうつじちえこ）
発行者　鈴木章一
発行所　株式会社講談社
〒112-8001 東京都文京区音羽2-12-21
電話　出版　03-5395-3524
販売　03-5395-4415
業務　03-5395-3615
印刷所　（本文印刷）株式会社ＫＰＳプロダクツ
（カバー表紙印刷）信毎書籍印刷株式会社
製本所　株式会社国宝社

定価はカバーに表示してあります。
Printed in Japan

ISBN978−4−06−257899−8

## 発刊のことば

# 科学をあなたのポケットに

二十世紀最大の特色は、それが科学時代であるということです。科学は日に日に進歩を続け、止まるところを知りません。ひと昔前の夢物語もどんどん現実化しており、今やわれわれの生活のすべてが、科学によってゆり動かされているといっても過言ではないでしょう。

そのような背景を考えれば、学者や学生はもちろん、産業人も、セールスマンも、ジャーナリストも、家庭の主婦も、みんなが科学を知らなければ、時代の流れに逆らうことになるでしょう。

ブルーバックス発刊の意義と必然性はそこにあります。このシリーズは、読む人に科学的に物を考える習慣と、科学的に物を見る目を養っていただくことを最大の目標にしています。そのためには、単に原理や法則の解説に終始するのではなくて、政治や経済など、社会科学や人文科学にも関連させて、広い視野から問題を追究していきます。科学はむずかしいという先入観を改める表現と構成、それも類書にないブルーバックスの特色であると信じます。

一九六三年九月　野間省一